舍 与 得

一 龙 编著

吉林文史出版社

图书在版编目（CIP）数据

舍与得 / 一龙编著. -- 长春：吉林文史出版社，
2020.1（2024.8重印）

ISBN 978-7-5472-6485-0

Ⅰ.①舍… Ⅱ.①一… Ⅲ.①人生哲学—通俗读物
Ⅳ.①B821-49

中国版本图书馆CIP数据核字(2019)第165516号

舍与得
SHEYUDE

编　　著　一　龙
责任编辑　张雅婷
封面设计　末末美书
出版发行　吉林文史出版社有限责任公司
地　　址　长春市福祉大路5788号
电　　话　0431-81629353
网　　址　www.jlws.com.cn
印　　刷　北京永顺兴望印刷厂
开　　本　880mm×1230mm　1/32
印　　张　4
字　　数　80千
版　　次　2020年1月第1版　2024年8月第2次印刷
定　　价　19.80元
书　　号　ISBN 978-7-5472-6485-0

前　言

\PREFACE\

　　著名作家贾平凹说："会活的人，或者说取得成功的人，其实懂得了两个字：舍得。不舍不得，小舍小得，大舍大得。"树舍灿烂夏花，得华实秋果；鸣蝉舍弃外壳，得自由高歌；壁虎临危弃尾，得生命保全；雄蜘蛛舍命求爱，得繁衍生息；溪流舍弃自我，得以汇入江海；凤凰舍其生命，得以涅槃重生。人舍墨守成规，得别具一格；舍人云亦云，得独辟蹊径。可见，只有懂得了舍得的人生大智慧，才能够将自己的人生经营得有声有色，拥有成功而幸福的生活，从而活得精彩、活得快乐。

　　人生就是一个舍与得的过程，人们常常面临着舍与得的考验，"得"是本事，"舍"是学问，正如一位高僧所说的："舍得，舍得，有舍才有得！"关于舍得，佛家认为，舍就是得，得就是舍，如同"色即是空、空即是色"一样；道家认为，舍就是无为，得就是有为，即所谓"无为而无不为"；儒家认为，舍恶以得仁，舍欲而得圣；而在现代人眼里"舍"就是放下，"得"就是成果。其实，懂得舍与得的智慧和尺度，就懂得了人生的真谛。我们需要通过"取舍"来丰富人生，在"舍得"中体现智慧，在"舍得"后感悟人生。

舍与得是一种哲学，更是一种处世的艺术。我们生活的世界原本纷繁复杂，很多东西在追求和面对的时候，需要我们不断地去选择，去割舍。大部分时候，鱼和熊掌不可兼得，在得与失当中想要做出正确的选择，是一件艰难而痛苦的事，所以，需要我们以"看开、放下、平和、淡然"的良好心态来面对。其实，人要有所得，必要有所失，只有学会舍，才会有所得，才有可能登上人生的巅峰。舍和得的关系，就如因和果，因果是紧密相连的。舍，并不是全部舍掉，而是舍掉那些沉重的、让你走不远的负累，留下那些轻快的、灵性的美好，从而让你闪耀着含蓄、内敛、从容的光芒。

舍与得是一种精神，更是一种对生活的领悟。有人说，世上从来没有命定的不幸，只有死不放手的执着。患得者得不到，患失者必失去。只有舍掉无谓的执着，才能得到新的观念、新的思维；只有放下不切实际的妄想，轻松上路，你才有机会比别人跑得快，才有体力比别人跑得远。人生充满变数，所以人生必然是一个不断选择、不断获得与失去的过程，如果没有乐观豁达的心态，那么不管是多么幸运的人，都不会拥有真正完美快乐的人生。人不可能永远只是获得，而从不失去，珍惜现在拥有的，就是一种最好的生活方式。

目 录
\CONTENTS\

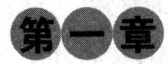

舍得：成就人生的处世艺术

"舍"只是"得"的另一个名字

执着地对待生活，紧紧地把握生活，但又不能抓得过死，松不开手。我们必须接受"失去"，学会放弃。

国王有五个女儿，这五位美丽的公主是国王的骄傲。她们那一头乌黑亮丽的长发远近皆知，所以国王送给她们每人十个漂亮的发夹。

有一天早上，大公主醒来，一如往常地用发夹整理她的秀发，却发现少了一个发夹，于是她偷偷地到二公主的房里，拿走了一个发夹。

当二公主发现自己少了一个发夹，便到三公主房里拿走一个发夹；三公主发现少了一个发夹，也如法炮制地拿走四公主的一个发夹；四公主只好拿走五公主的发夹。

于是，最小的公主的发夹只剩下九个。

隔天，邻国英俊的王子忽然来到皇宫，他对国王说："昨天我养的百灵鸟叼回一个发夹，我想这一定是属于公主们的，而这也真是一种奇妙的缘分，不知道百灵鸟叼回的是哪位公主的发夹？"

公主们听到了这件事，都在心里说：是我掉的，是我掉的。可是头上明明完整地别着十个发夹，所以都懊恼得很，又说不出口。

只有小公主走出来说："我掉了一个发夹。"话才说完，一头漂亮的长发因为少了一个发夹，全部披散下来，王子不由得看呆了。

故事的结局，当然是王子与公主从此一起过着幸福快乐的日子。

失去了一样东西，必然会在其他地方有所收获。关键是，你要有乐观的心态，相信有失必有得。要舍得放弃，要正确对待你的失去，失去才能得到，有时舍弃不过是获得的另一个名称，失去也就是另一种获得。

生活有时会逼迫你不得不交出权力，不得不放走机遇，甚至不得不抛下爱情。然而，舍得舍得，有舍才有得。所以，人生要学会放弃，并敢于放弃。

舍得舍得，舍和得永远不分开

拥有中国色彩第一人称号的于西蔓回国建立了"西蔓色彩工作室"。她将国际流行的"色彩季节理论"带到了中国，她使中国女性认识到了色彩的魅力。于西蔓在日本学习的是经济，但她在毕业后，凭着自己对色彩的爱好，苦学了两年，取得了色彩专业的资格，在当时，她成为全球2000多名色彩顾问中唯一的华人。在国外，她看到了中国同胞的穿着经常引起别人的非议，每次她都会产生一种强烈的想法，让中国人也美起来。随后，她放弃了在国外优厚的生活，毅然回到了祖国，并于1998年在北京创办了中国第一家色彩工作室。面对中国消费群体的不同，刚开始时，于西蔓只是凭自己的主观确定价位。一段时间后，她发现这并不适合大多数群体，同时也违背了她的初衷——要让所有的中国人都知道什么是色彩。于是，她又重新做了计划，降低价位，并做了很多的辅助工作，结果取得了很好的成果。年轻的时尚一族纷至沓来，连上了年纪的人也成了工作室的座上宾，热线咨询电话也响个不断。

于西蔓的个人才华及所创立的事业对中国的贡献和影响引起了社会和媒体的高度赞誉和肯定，她被誉为"色彩大师""中国色彩第一人"。

在总结自己的经验时，于西蔓说她成功的主要原因是懂得放弃，因为没有放弃就没有新的开始。于西蔓几次放弃了自己令人羡慕的工作而重新开始，是因为她深深地了解自己的兴趣、特点及自身的价值。

放弃是对卓越者勇气和胆识的考验。在商人看来，有时在经商中选择放弃，需要承受来自内心和外界方方面面的压力。可以说，任何一次决策中的取舍都需要很大的勇气和胆识，需要非凡的毅力和智慧。只有当一个商人把企业发展的长远利益作为目标时，他才会顶住压力，卧薪尝胆、历尽艰辛，走向更大的辉煌。

舍与得之间，你需要一颗平常心

在奥运会上夺得金牌的冠军，接受媒体采访时，说得最多的就是很简单的一句话：保持平常的心态。的确，在竞技场上保持平常心态，就能使竞技者超水平发挥，取得意想不到的成绩。在职场和人生中更是如此，只有保持平常心，才能取得工作和生活上的成功。

实际上，很多人并不是被自己的能力所打败，而是败给自己无法掌控的情绪。在现实工作中，在激烈的竞争形势与强烈的成功欲望的双重压力下，从业者往往会出现焦虑、急躁、慌乱、失落、颓废、茫然、百无聊赖等情绪。这些情绪一齐发作，常常会让人丧失对自身的定位，变得无所适从，从而大大地影响了个人能力的发挥，使自己的工作效能大打折扣。

如古人所云："宁静以致远，淡泊以明志。"不管我们身在何种环境，承受什么样的压力，只要能够坦然面对，就能够轻松地走向成功。

有一次，有源禅师问大珠慧海大师："大师修道是否用功？"大珠慧海大师回答："用功。"

有源禅师问："如何用功？"大珠慧海大师回答："吃饭时

吃饭，睡觉时睡觉。"有源禅师说："这和一般人有何不同？"大珠慧海大师说："一般人吃饭时不肯吃饭，百种需索；睡觉时不肯睡觉，千般计较，所以不同。"

在我们的生活中，无论从事何种工作，无论身处什么位置，遇到的问题可能不同，但所面临的压力其实是一样的。漫长的工作生涯中，不分昼夜地加班、工作碰到困难、获得褒奖、遭遇委屈甚至是挫折连连，这都是我们要经历的事情，它涉及所有的人，并不是单单指向某一个人。而职场中人不同的反应体现的则是个体的素质。所以，我们应当努力学会，而且必须学会去适应环境，而不是怨天尤人、沾沾自喜抑或是垂头丧气。如果我们能够随时保持一颗平常心，做到宠辱不惊、去留随意，我们就能够简简单单地面对自己的生活。

做人学学橡皮筋

人生有两种情境，一是逆境，一是顺境。面对困境和逆境，人有必要像橡皮筋一样，在逆境中，困难和压力逼迫身心，这时应懂得一个"屈"字，委曲求全，保存实力，以等待转机；在顺境中，幸运和环境皆有利于我，这时当不忘一个"伸"字，乘风万里，扶摇直上，以顺势应时，更上一层楼。

从做人上讲，应该有刚有柔。人太刚强，遇事就会不顾后果，容易遭受挫折。人太柔弱，遇事就会优柔寡断，错失良机，很难成就大事，一味软弱，终究是扶不起的阿斗。做人就要刚柔并济，能刚能柔，能屈能伸，当刚则刚，当柔则柔，屈伸有度。适当的弹性有助于你克服障碍加快前进的步伐。小草之所以抵得过强风，是因为懂得随风摇曳，随时改变自己的姿态；扁舟之所以抗得住恶浪，是因为能够顺水击流，随时调整自己的航向。

　　当我们在前进的过程中，经过不断的努力，发现此路不通时，就不要钻牛角尖，要懂得转弯，绕道而行。当我们与对手竞争的时候也不要一味地将对手看作敌人，因为对手身上的优点很可能是你没有的。有时候对手就是一个榜样，值得你学习，而一味地将对手看作敌人的人、想尽办法打赢对手的人，是不能取得最终的成功。而只有那些虽然存在竞争关系，但是仍然将对手当朋友、做榜样的人才能走得更远，以后的路才会更宽。对于企业来讲，要有大企业的气魄，赢得起，输得起，在输的时候能够虚心地学习竞争对手是如何将企业做得更好，并感谢对手的存在让企业能够不断改善自身的弱点越做越强。

　　当事情失败的时候，看看能不能在败局中找到新的成功之路。给一个曾经伤害过你的人一个悔恨的机会，多一分宽容，或许就在你对他微笑的那一刻起，你已经成了他这一生中最重要的朋友。人很多时候要具有弹性，才能更有利于自身的发展。

不能舍，只好在泥里团团转

名利富贵，生不带来，死不带去。所以对其执着不忘，实在不宜。

人生的高度应是知足恬然，生命的高度应是能取能舍、当取则取、当舍则舍、善取善舍的安然。很多时候，人们向往去取得，并且认为多多益善，然而，取的前提必定是先舍，只有舍，才能得。

蚌舍弃安逸，才拥有了孕育珍珠的权利；种子放弃花朵，才拥有了孕育春天的资格。千古豪杰舍家为国，才垂于史册；无数仁人志士舍生取义，才有了巍巍中华。取与舍在自然的荡涤中，展现并昭示了生命的高度，数千年白驹过隙，无数次金乌西坠，消磨掉了历史的棱角，打磨出中华文明不朽的生命之碑。

取，便是一杯清澈的水，只那一杯，便无须再希冀天上的银河；舍，就是一抖那背上的重负，只那一抖，便使你我得以仰望浩瀚的蓝天。但人生在这一取一舍之间，生命在无限地升华，并且拥有了自己的高度。

成功的人之所以能成功，是因为他们明白该做什么，不该做什么；什么应该去坚持，而什么又该舍弃。

取舍，并非是很容易的事情，应该是：得，要先舍；而舍，则终必得。而舍不舍得，以及怎样去舍，又怎样去得，就全看自己了。

第二章

大舍大得：树舍灿烂夏花，得华实秋果

盘小不是问题，有气魄就能钓到"大鱼"

几个人在岸边岩石上垂钓，一旁有几名游客在欣赏海景之余，亦围观他们钓上岸的鱼，口中啧啧称奇。

只见一个钓者竿子一扬，钓上了一条大鱼，约三尺来长。落在岸上后，那条鱼依然腾跳不已。钓者冷静地解下鱼嘴内的钓钩，随手将鱼丢回海中。

围观的人发出一阵惊呼，这么大的鱼犹不能令他满意，足见钓者的雄心之大。就在众人屏息以待之际，钓者渔竿又是一扬，这次钓上的是一条两尺长的鱼，钓者仍是不多看一眼，解下鱼钩，便把这条鱼放回海里。

第三次，钓者的渔竿又再扬起，只见钓线末端钩着一条不到一尺长的小鱼。

围观的人以为这条鱼也将和前两条大鱼一样，被放回大海，不料钓者将鱼解下后，小心地放进自己的鱼篓中。

游客中有一人百思不解，追问钓者为何舍大鱼而留小鱼。

钓者回答道："喔，那是因为我家里最大的盘子只有一尺长，太大的鱼钓回去，盘子也装不下？"

舍三尺长的大鱼而宁可取不到一尺的小鱼，这是令人难以理解的取舍，而钓者的唯一理由，竟是家中的盘子太小，盛不下大鱼！

在我们的生活中，是不是也出现过类似的场景？例如，当我们好不容易有一番雄心壮志时，就习惯性地提醒自己："我想得也太天真了吧，我只有一个小锅，煮不了大鱼。"因为自己背景平凡，而不敢去梦想非凡的成就；因为自己学历不足，而不敢立下宏伟的大志；因为自己自卑保守，而不愿打开心门，去接受更好、更新的信息？凡此种种，我们画地为牢、故步自封，既挫伤了自己的积极性，也限制了自己的发展。生活中那些人生篇章舒展不开、无法获得大成就的人，往往就是因为没有大格局。

学学狐狸哲学：放弃一条腿，保全一条命

迈克·莱恩是一名探险队员。1976年，他随英国探险队成功登上珠穆朗玛峰。就在他们下山的时候，天开始下大雪，每行一步都极其艰难，最让他们害怕的是风雪根本就没有停下来的迹象。当整个探险队陷入迷茫的时候，迈克·莱恩率先丢弃所有的随身装备，只留下不多的食品，轻装前行。他的这一举动几乎遭

到所有队员的反对，他们认为现在到山下最快也要十天时间，这就意味着这十天里不仅不能扎营休息，还可能因缺氧而使体温下降导致冻坏身体，那样，他们的生命就要受到威胁。

面对队友的顾忌，迈克·莱恩坚定地说："我们必须而且只能这样做，这样的雪山天气十天甚至半个月都有可能不会好转，再拖延下去路标也会被全部掩埋。丢掉重物，就不允许我们再有任何幻想和杂念，只要我们坚定信心，徒手而行就可以提高行走的速度，也许这样我们还有生的希望！"最后，队友们采纳了他的建议，大家一路互相鼓励，忍受疲劳、寒冷，不分昼夜，只用了八天时间就到达安全地带。恶劣的天气也确实正像莱恩所预料的那样从未好转过。

这一年，伦敦英国国家军事博物馆负责人找到迈克·莱恩，请求他赠送给博物馆任何一件与英国探险队当年登上珠峰有关的物品，莱恩毫不犹豫地将他那次下山时因冻坏而被截下的10个脚趾和五个右手指尖交给了他。

正是由于莱恩当年一次正确的放弃，才挽救了所有队友的生命；也由于这个选择，他的登山装备无一保存下来，而冻坏的指尖和脚趾却在医院截掉后留在了身边。这是博物馆收到的最奇特而又最珍贵的赠品。

学会选择，懂得放弃是利益的权衡之道，而放弃则是智者面对生活的明智选择。放弃绝不是毫无主见，随波逐流，更不是知难而退，而是一种寻求主动、积极进取的人生态度。

当别人都在努力向前时，你不妨倒回去

当你面对一个问题，沿着某一固定方向思考而不得其解时，灵活地调整一下思维的方向，从不同角度展开思路，甚至把事情整个反过来想一下，那么就有可能反中求胜，摘得成功的果实。

宋神宗熙宁年间，越州（今浙江绍兴）闹蝗灾。只见蝗虫乌云般飞来，遮天蔽日。所到之处，禾苗全无，树木无叶，一片肃杀景象。当然，这年的庄稼颗粒无收。

这时，素以多智、爱民著称的清官赵抃被任命为越州知州。赵抃一到任，首先面临的是救灾问题。越州不乏大户之家，他们有积年存粮。而老百姓大都过着吃不上饭的日子。灾荒之年，粮食比金银还贵重，哪家不想存粮活命？一时间，越州米价高涨。

面对此种情景，僚属都沉不住气了，纷纷来找赵抃，求他拿出办法来。于是，赵抃召集僚属来商议救灾对策。

大家议论纷纷，但有一条是肯定的，就是依照惯例，由官府出告示，压制米价，以救百姓之命。僚属七言八语，说附近某州某县已经出告示压米价了，我们倘若还不行动，米价天天上涨，老百姓不堪其苦，会起事造反的。

赵抃静听大家发言，沉吟良久，才不紧不慢地说："这次救灾，我想反其道而行之，不出告示压米价，而出告示宣布米价可

自由上涨。"众僚属一听，都目瞪口呆。赵汴见大家不理解，笑了笑，胸有成竹地说："就这么办，起草文告吧！"

官令如山，赵汴说怎么办就怎么办。不过，大家心里都直犯嘀咕：这次救灾肯定会失败，越州将饿殍遍野，越州百姓要遭殃了！这时，附近州县都纷纷贴出告示：严禁私增米价。若有违犯者，一经查出严惩不贷。揭发检举私增米价者，官府予以奖励。而越州则贴出不限米价的告示，于是，四面八方的米商闻讯而至。开始几天，米价确实增了不少，但买米者看到米上市的太多，都观望不买。过了几天，米价开始下跌，并且一天比一天跌得快。米商们想再运回去，但一则运费太贵，增加成本，二则别处又限米价，于是只好忍痛降价出售。这样，越州的米价虽然比别的州县略高点，但百姓有钱可买到米。而别的州县米价虽然压下来了，但百姓排半天队，却很难买到米。所以，这次大灾，越州饿死的人最少，受到朝廷的嘉奖。

僚属这才佩服了赵汴的计谋，纷纷请教其中原因。赵汴说："市场之常性，物多则贱，物少则贵。我们这样一反常态，告示米商们可随意加价，米商们都蜂拥而来。吃米的还是那么多人，米价怎能涨上去呢？"

要大智慧，不要小聪明

亚里士多德说："德可以分为两种：一种是智慧的德，另一种是行为的德，前者是从学习中得来的，后者是从实践中得来的。"想成功，唯有诚信、负责、创新、积极进取等大智慧可取。而敢于冒险走创新路，也是一种可贵的大智慧。

1946年，一对犹太父子来到美国，在休斯敦做铜器生意。一天，父亲问儿子一磅铜的价格是多少，儿子答35美分。父亲说："对，整个得克萨斯州都知道每磅铜的价格是35美分，但作为犹太人的儿子，你应该说3.5美元。你试着把一磅铜做成门把手看看。"

父亲死后，儿子独自经营铜器店。他做过铜鼓，做过瑞士钟表上的簧片，做过奥运会的奖牌。他曾把一磅铜卖到3500美元，这时他已是麦考尔公司的董事长。

然而，真正使他扬名的，是纽约州的一堆垃圾。

1974年，美国政府为清理给自由女神像翻新扔下的废料，向社会广泛招标。但好几个月过去了，没人应标。正在法国旅行的他听说后，立即飞往纽约，看过自由女神像下堆积如山的铜块、螺丝和木料，未提任何条件，当即就签了字。

纽约许多运输公司对他的这一愚蠢举动暗自发笑。因为在纽约州，垃圾处理有严格规定，弄不好会受到环保组织的起诉。就在一些人要看这个犹太人的笑话时，他开始组织工人对废料进行分类。他让人把废铜熔化，铸成小自由女神像；他把木头等加工成底座；废铅、废铝做成纽约广场的钥匙。最后，他甚至把从自由女神像身上扫下的灰尘都包装起来，出售给花店。不到3个月的时间，他让这堆废料变成了350万美元，每磅铜的价格整整翻了1万倍。

这位犹太人的纵观全局的眼光、智慧的头脑，让他一生受益无穷。其境界、谋略非小聪明可以比。

人生最忌讳的是耍小聪明。让我们来看看小吴的求职经历：

小吴到一家外资公司应聘总经理助理职位。经过种种测验，他与另一位对手从几十名应聘者中胜出，准备接受总经理的最后面试。出乎意料的是总经理没有提出任何考问，说是带他俩去附近一家公司谈判。走出公司大门后，因距要去的公司仅有一站地路程，总经理提议乘坐公共汽车前往，并递给他们每人5角钱，叮嘱每人自己买自己的车票。当时的车票票价是4角，因缺少零钱，乘务员们几乎都已养成收取5角不找零的习惯，小吴交出5角后，心想，为1角钱开口显得太小气，丢面子，便没有向乘务员索要应找回的1角钱。可是他的竞争对手却没有默认，而是认真地开口向乘务员要求找零。乘务员轻蔑地看着小吴的对手，好一会儿才冷冷地递出1角钱，小吴的对手一脸泰然地接过来。小吴看罢，心里还有一点儿幸灾乐祸，心想对手的财迷和小气表现，老总一定不会满意的。

没想到，到站下车后，总经理却对竞争对手说："你被聘用了。"小吴立即怔住了，总经理说："你们俩的材料我都仔细看过了，能力不分伯仲，才智不分上下，不过，在刚才买票问题上我看到了你们的差异。一个人只有懂得坚持自己的权益，才能够维护公司的利益，而一个连自身利益都不能坚持的人，又如何能够坚持公司的权益呢？"

小吴败在了自己的小聪明上。以为争取小权益是小气的表现而不坚持权益，总有一天，它会演变为不坚持原则，这对工作坏处显而易见。聪明易被小聪明误，小聪明得小利，大智慧得大益。有大智慧，才有美丽的人生。

失信者失去的是人心

信用是一个人处世的资本，是社交场合的通行证，是获得成功的前提条件。失信的人不仅会失去朋友，也会失去成功的机会。

心理学家马斯洛在研究大量著名人物的基础上，总结出有成就者的健康个性特征，其中第一条就是讲信用。马斯洛还指出，一个人要走向成功或者培养健康个性有八条途径，其中有两条与信用相关。因此，要想成就一番事业，必须讲信用，要想获得朋友，也需讲信用。就像一位哲人所言，讲信用的人走到哪里都受人尊重，受人欢迎。而不讲信用的人，则会受到众人的唾弃。

失信于人，既显示出一个人的人格低下、品行不端，又是一种自我毁灭的愚蠢行为。一个成熟的社会，一个有力量的社会，不但要考虑每一个人，而且还要为他们建立必要的档案，这并不是要建立黑档案，而是能够向有关方面证实你的可信度。

这样的档案正在逐渐完善，因此只有讲信用的人银行才会贷款，商人才和你做生意，公司才会聘用你，他人才和你交朋友。没有信用，你在社会上就难以立足。

在此，我们有必要记住文学家爱默生的一句话："坚守信用是成功的最大关键。"

花大钱抢占黄金宝地

只有站得高才看得远，做生意也是如此。一个开在乡村里的小店，无论有多么齐全的货物，能有多少城里人会专程跑到那里买东西呢？所以做生意的目光不能只着眼于乡村，只立足于身边人的需求。时间久了，外面的世界流行什么，你都未必得知，自然也很难做大生意，赚大钱了。

做生意，必须选择一个利于生意发展的环境。信息、时尚、市场需求、优越的地理位置，都是这种环境的一部分，而在这里面，地理位置又至关重要。

20世纪初的上海曾号称是"冒险家的乐园"，闻名遐迩的南京路则是这一宝地中的至宝，可以说是寸土寸金。能在南京路拥有一家店铺，不仅是商场行家的梦想，同样是生产厂家的追求，同时也是资格和品牌的需要。

第二章 大舍大得：树舍灿烂夏花，得华实秋果

为了进驻"中华第一商业街"，温州商人郑荣德的做法令人折服。

出身海岛渔家的郑荣德是一名早年闯荡上海的温商，他创建的华东电器集团在上海悄然崛起，越做越大，成为上海商界的一匹活力四射的黑马。同许多温商一样，郑荣德也把进入南京路、取得商界名流资格、赢得更大效益作为自己的战略目标。因此，2000年5月，他把公司总部迁到离南京路步行街仅有百米之遥的河南中路与天津路交叉口，在这里兴建了一幢颇具档次的六层办公大楼，楼面镶嵌的花岗岩使得整座大楼华贵典雅。按理说，公司现处的地段也是上海商业的繁华区。但在郑荣德心里，这里并不是他理想的目标，作为一名追求完美的温州企业家，入驻南京路并不是一个面子的问题，而是他整体构建自己企业规划中的一个目标。

2001年夏，机会终于来了，上海新世界集团在南京路上兴建的一幢九层大楼竣工，但该集团并不想自己经营，而打算整楼出让。在郑荣德听说这一消息之前，新世界集团的决策层刚刚透出的信息，便迅速传到了北京、广东等地，已有人闻讯而至，与新世界集团交涉，谈判了不知多少次。由于新世界集团知道这幢九层大楼占据了南京路的要津，因而待价而沽，并不着急。郑荣德知道这一消息后，立即与新世界集团决策层进行接触，而后召集自己公司的决策要员，共商购楼大计，并做好了充分的思想准

备，拟出了几套预案。

郑荣德当然知道上海新世界集团的意图，也知道这幢九层大楼所具有的价值，因而舍得动真格，敢出别人不敢出的大价钱。根据郑荣德的请求，新世界集团同意与华东电器集团洽谈出让事宜，但准备不足。原想不过是双方熟悉一下，交换一下彼此的条件，以后的谈判还会旷日持久，同时其也对成交并不抱太大的希望，因为以往的谈判对手都很难接受其开出的价码。而"华东电器"一方，郑荣德的购楼之意却是一腔至诚。

知己知彼方能百战不殆。为了首场谈判便能成交、缩短交涉过程一锤定音、断了其他同样看中这幢大楼的竞争对手的念想、使这幢大楼自此成为华东电器集团所有，郑荣德早已从各方面将新世界集团开列的条件打听明白了。当双方见面、坐下寒暄过后，郑荣德便开门见山地将一份条款十分详尽的购楼意向书交给对方，显示了自己的真诚。"新世界"方没有想到郑荣德竟如此爽快，因而也爽快地公开了自己的出售底线，未经几番口舌，双方便在90分钟的谈判中结出正果：以3亿元的楼价签约成交。

郑荣德终于花大价钱进驻南京路，虽然3亿元对一个民营企业来说不是小数目，但在郑荣德看来，南京路本身就是一个名牌，能在这里经营自己的公司和产品，对于打出自己的品牌就是一个巨大的优势。

在军事上，据关守险，占据最高点，是获得胜利的一大保障；在商业中，抢占最好的商业区域，是商人在激烈的商战中占据优势的一大法宝。对于商人来说，在一个地方做生意，一定会选择最有利的铺位：开工厂的，要选择交通便利、工业繁忙的地段；开商铺的，要选择人群辐辏、商业繁荣的地方。这就是抢占制高点。但要进军先进的市场，买下旺楼铺，得花大钱，而且是一分价钱一分货，舍不得孩子套不住狼，大本钱有大收益，舍不得投资怎能赚钱！因此，凡是有经商意识的商人是舍得花大钱来抢占上海、北京等大都市的经商宝地的。

第三章

小舍小得：你投人以木瓜，人报你以琼瑶

切莫贪图小便宜，它总有一天会让你偿还

欧洲某些国家的公共交通系统的售票处大部分是自助的，也就是说你想到哪个地方可根据目的地自行买票。没有检票员，甚至连随机性的抽查都极少。据说逃票被抽检抓到的大约只有万分之三。

一个亚洲留学生发现了这个管理上的"漏洞"。他很乐意不用买票而坐车到处游玩，但在他四年的留学期间，他因逃票被抓了两次。

后来他大学毕业，想在当地寻找工作。他知道许多跨国大公司都在积极地开发亚太市场，就向这些公司投了自己的求职资料，可都被拒绝了。一次次的失败，使他愤怒地认为这些公司有种族歧视倾向。终于有一天，他冲进了一家公司人力资源部经理的办公室："先生，我想问一下贵公司为何不录用我。据我所知，我有一位各方面能力都不如我的同学已被你们录用。你们是不是歧视亚洲人？"

"先生，我们并没有歧视你，相反地，我们很重视你，因为我们公司一直在亚洲进行市场开发，我们需要一些优秀的本土人才来协助我们完成这个工作，所以你刚来求职的时候，我们对你的教育背景和能力很感兴趣。老实地说，你就是我们所要找的人。"经理回答。

"那为什么不录用我呢？"

"因为我们查了你的信用记录，我们发现你有两次乘公车逃票的记录。"

"我承认。但为了这点儿小事，你们就放弃了一个能为你们带来更大利益的人才？""小事？不，不！这位先生，我们并不认为这是小事。我们注意到了，第一次逃票你说自己还不熟悉自动售票系统，这有可能。但在之后，你又逃了票。这如何解释呢？"

"那时刚好我口袋中没零钱。"

"不，不！这位先生，我不同意这种解释。我相信你可能有数百次的逃票。对不起，我只是说可能。此事证明了几点：第一，你不仅不尊重规则，而且善于发现规则中的漏洞并恶意使用；第二，你不值得信任，而我们公司的许多工作的进行是必须依靠诚信来完成的，因为如果你负责了某个地区的市场开发，公司将赋予你许多职权，但为了节约成本，我们不会设置复杂的监督机构，正如我们的公共交通系统一样。因此我们没办法雇用你，而且我可以断定，在这个国家甚至在整个欧盟，可能没有公司会冒险来雇用你。"就这样，仅仅因为贪图了一些小便宜，这个留学生付出了惨痛的代价。

风光不可占尽，宜分他人一杯羹

人皆有好名之心，内心常有一种出人头地的渴望，期待着有一天能"一炮走红"而成名人。于是，有些在自己的领域有一点儿成绩的人，总是认为自己是多么的与众不同，是多么应该被别人景仰。他们的眼睛中只看见自己，就好比在一张白纸上涂一个黑点，他们只看到黑点，却看不见黑点之外那无限开阔的境地。他们不停地炫耀自己、推销自己，俨然一副舍我其谁的神态。殊不知，他们的这种行为令别人十分反感，这样使他们离成功越来越远。

你要表述自己，先要倾听别人；你要成为公众的焦点，先要学会把光环让给别人。

后汉隐帝时，大将郭威曾任两军招慰安抚使。他领兵平定以李守贞为首的三镇（河中、永兴、凤翔）割据后，回到了京都大梁。

郭威入朝拜帝，皇上对他进行嘉奖，赐予金帛、衣服、玉带等一大堆奖品，郭威一一推辞，道："为臣自领命以来，仅仅攻克一座城池，有什么功劳可言呢！况且我又领兵在外，而镇守京城，供应所需，使前方不缺粮，这都是朝中大臣的功劳啊。"后来，后汉隐帝又提出加封郭威为地方藩镇，郭威还是不受："宰相位在臣上，未曾分封藩镇，还有节度使也有功劳。"后汉隐帝越发觉得郭威淡泊名利，十分难得，打算再赏赐他，郭威再次推辞道："运筹策划，出于朝廷；发兵供粮，来源藩镇；冲锋陷阵，出于将士，功独归臣，臣何以堪之！"

郭威反复推辞，将功名归于大家，实在是一个很高明的做法。

他这么做，不仅免遭上下左右的嫉妒中伤，而且在朝廷中留下了好名声，真是："桃李不言，下自成蹊！"所以，当你在工作上有特别的表现而受到肯定时，千万记得——别独享荣耀，否则会为你带来人际关系上的危机。

锦上添花不如雪中送炭

有一次，公西赤被派出去做大使，冉求因公西赤的母亲在家，就代其母亲请求实物配给，并多给很多。孔子知道后，虽然并没有责怪冉求，但对学生们说，你们要知道，公西赤这次出使到齐国去，坐的是肥马拉的车，穿的是裘皮衣服，我听闻君子周济穷人而不接济富人。

我们帮别人，要在他人急难的时候帮忙，公西赤并非穷困潦倒，其家中也不贫穷，再给他那么多，只是锦上添花，实在没有必要。

古人云："求人须求大丈夫，济人须济急时无"，说的也是这个道理,锦上添花不是必要的,雪中送炭却救人于危难。人需要关怀和帮助,也最珍惜在自己困境中得到的关怀和帮助。若要一个人记住自己,最好的方式莫过于在他需要帮助时伸出援助之手。

在别人富有时送他一座金山,不如在他落难时,送他一杯水。人们总会在现实生活中遇到一些困难,遇到一些自己解决不了的事情,这时候,如果能得到别人的帮助,就会永远铭记于心,感激不尽。

帮助别人不一定是物质上的帮助,简单的举手之劳或关怀的话语,都能让别人产生久久的感动。如果你能帮助那些需要帮助的人,你便能握住他们伸出的友谊之手。而这些友谊,很可能会为你带来巨大的回报。

感情越积越深,情义之路越走越长

说到人情,谁也不敢轻慢。一个人在充满竞争的社会上能不能站得住,关键在于是否懂得"情义"的分量。情义虽然是不可以量化的,但每个人心中还是有一杆秤。

三国争霸之前,周瑜并不得意。他曾在军阀袁术部下为官,被袁术任命为小小的居巢长,一个小县的县令罢了。

这时候地方上发生了饥荒,兵乱使粮食问题日渐严峻起来。居巢的百姓没有粮食吃,就吃树皮、草根,活活饿死了不少人,军队也饿得失去了战斗力。周瑜作为父母官,看到这悲惨情形急得心慌意乱，不知如何是好。

　　有人献计，说附近有个乐善好施的财主鲁肃，他家素来富裕，想必囤积了不少粮食，不如找他借。周瑜带上人马登门拜访鲁肃，刚刚寒暄完，周瑜就直接说："不瞒老兄，小弟此次造访，是想借点儿粮食。"鲁肃一看周瑜丰神俊朗，显然是个才子，日后必成大器，于是哈哈大笑说："此乃区区小事，我答应就是。"

　　鲁肃亲自带周瑜去查看粮仓，这时鲁家存有两仓粮食，各三千斛，鲁肃痛快地说："也别说什么借不借的，我把其中一仓送与你好了。"周瑜及其手下见他如此慷慨大方，都愣住了，要知道，在饥馑之年，粮食就是生命啊！周瑜被鲁肃的言行深深感动了，两人当下就交上了朋友。

　　后来周瑜发达了，当上了将军，他牢记鲁肃的恩德，将他推荐给孙权，鲁肃终于得到了干事业的机会。

留有余地是一种理智的人生策略

　　常留余地二三分，体现了人生的一种智慧。凡事留有余地，则自由度就增加。进也可、退也可，亲也可、疏也可，上也可、下也可，处于一种自由的境地，体现了一种立身处世的艺术。

　　常留余地二三分，这是因为，世界上的事变幻不定，常常有许多意想不到的事发生。人外有人，天外有天。人不要总是赢人，要留一些给别人赢；不要老想占上风，要给别人一些尊严。

这样，自己才能不断进步，人际关系才能更和谐。一句话，为人处世还是谦虚谨慎些好。如果目中无人，骄傲自满，就容易碰壁、栽跟头。

世事无常，万事多留些余地，多些宽容。这是一条重要的做人准则。在你留有余地的同时，别人也会因此而受益匪浅。

待人对己都要留有余地。好朋友不要如影随形，如胶似漆，不妨保持一点儿距离；是冤家也不要把人说得全无是处。不要把崇拜的人说得完美无缺，不要把有错误的人看得一无是处。不要把自己看成像朵花，看别人都是豆腐渣。不要以为自己的判断绝对正确，宜常留一点儿余地。

一幅画上必须留有空白，有了空白才虚实相间、错落有致。有余地才更加符合实际，才更加充满希望。当然，留有余地不是一种立身处世的圆滑，不是有力不肯使，也不是逢人只说三分话，而是对世界、对自己抱一种知己知彼的理性态度，是一种理智的人生策略。

适当的"自我暴露"有助于加深亲密程度

"人之相识，贵在相知；人之相知，贵在知心。"要想与别人成为知心朋友，就必须向对方袒露自己，即表露自己的真实感情和真实想法，向别人讲心里话，坦率地表白自己、陈述自己、推销自己。

第三章 小舍小得：你投人以木瓜，人报你以琼瑶

在生活中，我们也常会发现有的人外表看起来不是很擅长社交，但知心朋友却比较多；而有的人，虽然很擅长社交，甚至在交际场中如鱼得水，但是他们却少有知心朋友。这是为什么呢？如果你仔细观察，会发现前者一般都有一个特点，就是为人真诚，渴望情感沟通。他们说的话也许不多，但都是真诚的。他们有困难的时候，总能有人来帮助他（她），而且很慷慨。而后者习惯于说场面话，做表面功夫，交朋友又多又快，感情却都不是很深。因为他们虽然说很多话，但是却很少表露自己的感情。其实每个人都不傻，都能感到对方是出于需要，还是出于情感而来往。

心理学家认为，一个人应该至少让一个重要的人知道和了解真实的自我。这样的人在心理上是健康的，也是实现自我价值所必需的。

当然，向他人"暴露"自己时，一定要掌握好度，如果总是喋喋不休地诉说自己，口无遮拦，不仅起不到好的效果，还会招人厌烦。就像鲁迅小说中的祥林嫂那样总是喋喋不休地谈论自己的事情的人，刚开始可能会得到别人的认可、同情，但时间长了就会遭到人们的厌烦。所以，在向别人袒露自己时要恰到好处，不可过多，也不能过少。

心理学家认为，理想的自我暴露是对少数亲密的朋友做较多的自我暴露，而对一般朋友和其他人做中等程度的暴露。而且，你也不一定要说你的秘密，在不太了解的人面前，我们可以交流

一些生活中的并不私密的情感，既给人亲近之感，又不会让自己处于不安全的境地。

容人小过，不念旧恶

西汉宣帝时的丞相叫丙吉，他有一个车夫很好喝酒，醉酒后常有不检点的言行。有一次车夫酒后为丙吉驾车，结果呕吐起来，弄脏了车子。丞相的属官为此骂了车夫一顿，并要求丙吉将此人撵走。丙吉说："何必呢！他本是一个不错的驭手，现在因为酗酒的过失被撵走了，谁还会再雇用他呢！那叫他以后怎么办！就容忍了吧，况且，也不过就是弄脏了车垫子罢了。"于是继续让他驾车。

这个车夫的家在边疆地区，经常有关于边疆情况的消息。一次他外出，正巧碰上驿站上来了个从边郡往京城送紧急文件的使者，他就跟随到皇宫正门负责警卫传达的公车令那里去打听，知道是外敌侵犯云中郡和代郡等地。他马上赶回相府，将情况报告给丙吉，并建议道："恐怕在外敌进犯的边境地区，有一些太守和长吏已经老病缠身，难以胜任用兵打仗之事了，丞相是否预先查验一遍，也好临事有个措置。"丙吉听了觉得车夫的想法很对，到底家在边境的人对这些事就考虑得特别细致，于是就召来属吏有司，让他们立即统计有关人员情况，对边境官员有个比较充分的了解。

第三章 小舍小得：你投人以木瓜，人报你以琼瑶

不久，汉宣帝召见丞相和御史大夫，询问遭外敌侵犯的边境守将情况，丙吉当下一一对答如流，而御史大夫仓促间哪能回答得出。皇帝见他那副一言不发的窘态，大为生气，狠狠责备了他，而对丙吉则大加赞扬，称许他能时时忧虑边境事务，忠于职守。其实，皇帝哪里知道这全是车夫的提醒之功啊！

军国大事本不是车夫所长，丙吉在朝也难以想到边区的具体状况。只因丙吉容人小过，便意外收到了如此的效果。

可见，容忍别人的小过失，日后他必将酬答；宽大自己的仇人，他有可能会尽力相报你。

郭进任山西巡检时，有个军校到朝廷控告他。宋太祖召见了那人，审讯后知道是诬告，就将他押送回山西，交给郭进，让郭进亲自杀了他。当时正赶上北汉国入侵，郭进就对那人说："你敢诬告我，确实还有点儿胆量。现在我赦免你的罪过，如果你能出其不意，消灭敌人，我将向朝廷推荐你。如果你被打败了，就自己去投河，不要弄脏了我的剑。"那个军校在战斗中奋不顾身，英勇杀敌，打了大胜仗，郭进就向朝廷推荐了他，使他得到提升。

容人小过，不仅因为我们每个人都有这样那样的过失、短处，而且还因为除了不可救药的人，大多数人都可以做到"过而能改"，并不会自甘堕落。换言之，容人小过，也是在为"过而能改"的人创造改过的条件，这样才能获得别人的尊重。容人小过，不念旧恶，这是我们每个人都应该学习的一条做人法则。

先舍后得：将欲取之，必先予之

要得到回报，先满足他人

一位登山客在山中突遇暴风雪，在茫茫风雪中迷失了方向。这场暴风雪突如其来，他的御寒装备严重不足。他知道自己必须尽快找到避寒处；否则就会被冻死。可是他没走多远，四肢已冻得开始麻木，他意识到自己的时间已经不多了。

就在这时候，他在路上遇到一个人，那个人躺在地上，一动不动。原来那个人已经快冻僵了。登山客停了下来，他发现自己面临一个困难的抉择：他应该继续赶路为求拯救自己，还是设法救助雪中垂危的陌生人呢？

转瞬之间，他就下定了决心，设法救助陌生人。他迅速脱下湿手套，跪在那个垂危的人身边，按摩他的手臂和双腿。那个人终于血脉通畅，四肢能够活动了。他们两人相互支持，患难与共，最后终于得到了救援，他们生还了。后来，这位登山客才知道，那个冻僵了的人是一个大公司的老板。因为登山客救了老板的性命，老板要给予他一些股份作为报答，但是登山客拒绝了。他们成了好朋友。

后来，登山客在一次自然灾害中双腿受伤，需要很大一笔医疗费，正在他焦急万分的时候，那位他曾经救助的老板来了，帮助他付了全部的医疗费用使他渡过了难关。

登山客回忆说："我们要在别人需要的时候给予帮助，我们才能在需要的时候得到他人的帮助。"

在别人急需帮助的时候，我们给予他们需要的帮助，这样别人不但会记住你、感谢你，还会在你需要帮助的时候给予你很大的回报。

生活就是这样，当你为别人的需要而付出的时候，你的人生才会因你的付出而快乐、升华，生命才更有意义。

"迟人半步"与"抢先一步"：慢者为王

生意场上，谁能抢先一步获得信息、抢先一步做出应对，谁就能捷足先登、独占商机。但是，速度太快易忙中出错，"抢"错了方向，"抢"错了时机，还可能"赔了夫人又折兵"。有时，放慢脚步，比别人晚点儿行动，更易接近成功。

商场如战场，这句话在哪个时代都是真理，尤其在竞争异常激烈的现代社会。为了抢占市场份额，商人总是想尽办法快人一步。在他们看来如今比拼的就是速度，"抢占先机"是竞争获胜的不二法则。但是，任何事情都是辩证的，有时候反其道而行，主动采取"迟人半步"的策略，也能在商战中克敌制胜。

在中国企业界，有一个"敢为天下后"的高手，他就是段永平。

1995年，段永平辞职下海，并于当年9月在东莞市创立广东步步高电子工业有限公司。在公司成立的次年，段永平就出手8200万元夺得中央电视台一个黄金时段，以"股市又升了"这个广告拉动其无绳电话夺得全国市场份额第一名；在1998年和1999年央视的广告竞标中，步步高分别以1.59亿元和1.26亿元成为"标王"。当其他"标王"纷纷落马时，段永平还成功打造了另一个品牌"小霸王"。

段永平的营销能力得到广泛推崇，人们把他营销手法的特点概括为"敢为人后"。"敢为人后"，就是甘心做跟随者，只进入成熟的市场，重视并利用先行者的经验，遵循他们已经采用的模式，自己不轻易进行新的尝试，以降低风险。

步步高是在VCD竞争最激烈的时候进入该领域的，很多人说这是夕阳产业，段永平则认为夕阳无限好，人多的地方往往最安全，虽然失去了市场先机，但有了前车之鉴，可以做得比先行者更好。

先行者有些常见病，比如往往只注重打广告。段永平则会将该做的事情做好，在开拓市场时，做好每一个环节的工作，广告只是营销的一个环节，服务、品质等环节也要与之匹配。

步步高吸取的另一个教训是在多元化的问题上非常谨慎，段永平将自己定位为中小企业，不设"做中国的松下"这样的目标。

与其花费人力、财力、物力去盲目地和大企业争夺市场份额，不如在大企业占有"大市场"后，把自己定位为拾遗补阙的角色，占领相对稳定的"小市场"，从而脚踏实地地一步步发展自己。像这样成功的小企业，着重于赢利和拾遗补阙，而不是不自量力与大企业争夺市场份额，这对避免大企业的打压很有好处。

再者，主动迟人半步，可以让我们更清楚地看清竞争对手的弊端，趁机秀出自己。总之，迟人半步不是消极等待，而是一种从实际出发的理性态度，是对自己与竞争对手之间存在的差距进行科学分析后做出的明智选择。从先行者的产品中吸取优点和长处，然后改正其缺点，在市场上唱出后发制人的好戏来。事实证明，有时采取"迟人半步"的策略，要比采纳"抢先一步"的战略更稳健有效。

以退为进，蓄势待发

想要喝到芳香醇郁的美酒就得放下手中的咖啡，想要领略大自然的秀美风光就要离开喧嚣热闹的都市，想要获得如阳光般明媚开朗的心情就要驱散昨日烦恼留下的阴霾。放得下是为了包容与进步，放下对个人意见的执着才能包容，放下对陈旧观念的执着才会进步。表面看来，放下似乎意味着失去，意味着后退，其实在很多情况下，退步本身就是在前进，是一种低调的积蓄。

一位学僧斋饭之余无事可做，便在禅院里的石桌上作起画来。画中龙争虎斗，好不威风，只见龙在云端盘旋将下，虎踞山头作势欲扑。但学僧描来抹去几番修改，却仍是气势有余而动感不足。

正好无德禅师从外面回来，见到学僧执笔前思后想，最后还是举棋不定，几个弟子围在旁边指指点点，于是就走上前去观看。学僧看到无德禅师，就请禅师点评。

禅师看后说道："龙和虎外形不错，但其秉性表现不足。要知道，龙在攻击之前，头必向后退缩；虎要上前扑时，头必向下压低。龙头向后曲度愈大，就能冲得越快；虎头离地面越近，就能跳得越高。"

学僧听后非常佩服禅师的见解："老师真是慧眼独具，我把龙头画得太靠前，虎头也抬得太高，怪不得总觉得动态不足。"

无德禅师借机开示："为人处世，亦如同参禅的道理。退却一步，才能冲得更远；谦卑反省，才会走得更高。"

另外一位学僧有些不解，问道："老师！退步的人怎么可能向前？谦卑的人怎么可能走得更高？"

无德禅师严肃地对他说："你们且听我的诗偈：手把青秧插满田，低头便见水中天；身心清净方为道，退步原来是向前。你们听懂了吗？"

学僧们听后，点头，似有所悟。

进是前，退亦是前，何处不是前？无德禅师以插秧为喻，向弟子们揭示了进退之间的关联。做人应该像水一样，能屈能伸，既能在万丈崖壁上飞流直下，好似银河落九天，又能在幽静的山林中蜿蜒流淌，自在清泉石上流。

放弃有时就等于一次机遇

放弃并不等于什么都放弃，永远地放弃。在一条路没有成功可能的前提下，学会放弃那是一种明智的选择。放弃了这条路，或许我们可以重新选择一次机遇。

要进而获利，需靠准确的形势分析，掌握有利时机；要退而能保存实力，也得靠准确的形势分析。

挪威的船王阿特勒·耶伯生出生在卑尔根的一个殷实家庭，其父克列斯蒂·耶伯生是当地的一个小船主。小耶伯生开始在一所教会学校读书，后就读于英国剑桥大学。毕业后，曾到奥斯陆、汉堡和纽约做过商业经纪人。

受家庭环境的影响，耶伯生从小就接受实业思想的熏陶。因此，早在青年时期他就表现出做生意的才能。1967年8月，他父亲在旅游途中因车祸而丧生，31岁的耶伯生继承了父亲的产业，开始管理一家船业公司，从此走上了经商的道路。

经过十几年的艰苦奋斗，耶伯生公司从原来只有7条船的小公司，变成了拥有总载重量120多万吨的共计90条船的大型船运公司，并且在世界各地的油田、工厂和其他项目中拥有大量股份。他到底有多少财产，连他自己也说不清楚："我唯一能说清的是，接受保险的财产大约是57亿克朗。"他的船运公司曾获得"挪威1977年最佳企业"称号，这在挪威航运界是独一无二的。

耶伯生的父亲在世时曾尝试经营油船，而他接管一年后就果断决定卖掉油船，放弃运油行业。

他的理由是：当时的船运公司没有实力，命运操纵在石油大亨们的手中。如果把本钱的大部分压在两三条大油船上实在没有把握。耶伯生退出运油业后，迅速将资金投在散装货物的运输业上，并与工业部门签订了长期的运输合同。

事实证明，耶伯生的分析判断是极其正确的。油船脱手后，虽然他没有获得1973年石油运输短暂兴旺的好处，但是当石油运输的投资家们在20世纪70年代中期连遭厄运打击时，他却稳如泰山，丝毫无损。

他以长期的合同为基础，逐渐添置了载重量为6千吨至6万吨的散装船，为大企业运输钢铁产品和其他散装原料，积累了雄厚的资本。

敢于吃亏，天地更宽

世界上，有付出必然有回报，生活中有太多的这种事情，尤其在生意场上。如果一个人能心平气和地对待吃亏，表现自己的度量，他就更易获得他人的青睐，获得经商所需要的资源，从而获得商业上的成功。华人首富李嘉诚说："有时看似是一件很吃亏的事，往往会变成非常有利的事。"说的就是这个道理。

生意场上，是看到眼前的比较直接的"小利益"，还是把眼光放长远一些，发现更大但可能比较隐蔽的"大利益"呢？这可是个大学问。很多人往往见便宜就想得，生怕自己吃一丁点儿亏，这样一来就会使自己的路越来越窄，也很难有大发展。试想，如果每一个老板都打着自己的小算盘，整日盘算着如何敛聚更多的财富，如何使自己比别人获得的收益更多，这样有谁还愿意为其卖命呢？

聪明的商人则懂得吃亏，自己吃了点儿亏，让别人得利，就能最大限度地调动别人的积极性，使自己的事业兴旺发达。譬如你卖给别人两斤肉，他回家之后称，正好两斤，他心里不会有什么感觉；如果多一两，他心里会很舒服，下回还会去你那里买；如果差个两三两，他下回肯定不去了。

一个人独资经营的情况下，不仅势单力薄，而且人力、才智匮乏，资金上也很难维持长久的、快速的增长。如果能找到可以长期合作的合伙人，就会增强公司的实力，虽然部分利益会分给合作伙伴，但较之无法持续经营的情况，实在是好上太多了。甚至当你遇到坎坷无法使合作继续进行的时候，不妨吃点儿亏，也许天地就更宽广，利润也更高。

"吃亏是福"不是句空话，尤其是关键时候要有敢于吃亏的气量，这不仅体现你的胸怀，同时也是做大事业必备的素质，这是智者的智慧。

以小搏大，重在积累

以小搏大的智慧不仅仅是四两拨千斤，还在于能够积累财富。

悉尼奥运会时曾经举办过一个以"世界传媒和奥运报道"为主题的新闻发布会，参与的有世界各地传媒大亨和记者数百人。

就在新闻发布会进行之时，人们发现坐在前排的炙手可热的美国传媒巨头NBC副总裁麦卡锡突然蹲下身子，钻到了桌子底下。他好像在寻找什么。大家目瞪口呆，不知道这位大亨为什么会在大庭广众之下做出如此有损自己形象的事情。

不一会儿，他从桌下钻出来，手中拿着一支雪茄。他扬扬手中的雪茄说："对不起，我到桌下寻找雪茄。因为我的母亲告诉我，应该爱护自己的每一个美分。"

麦卡锡是一个亿万富翁，有难以计数的金钱，他可以买到一切可以用钱买到的东西，一支雪茄对于他来说简直微不足道。按照他的身份，应该不理睬这根掉到地上的雪茄，从烟盒里再取一支，但麦卡锡却给了我们令人意料不到的答案。

有些人一开始就摆出一副要赚大钱的架势，小钱不赚，结果常常是两手空空，一分钱也没赚到。其实，有很多大富翁、大企业家，都是从挣小钱起家的。从挣小钱开始，可以培养你的自信。因为，挣小钱容易，当挣到第一笔钱后，你就会对自己的能力有所了解，你就会相信自己有把事情做好的能力。

成功的犹太商人起点并不高，不是一开始就想着要做大生意，赚大钱。他们懂得，凡事要从细小的地方入手，一步一步进行财富的积累，雪球才会越滚越大。

凡事从小做起，从零开始，慢慢进行，不要小看那些不起眼的事物。犹太商人的经商之道从古至今永不衰竭，已经被许多成功人士演练了无数次。

主动让利，追求长远利益

莱文的公司是一家以销售产品原材料为主的公司，曾经与某公司有过长期的合作关系，莱文以合同规定的价格向其销售原材料。

一次，这家公司的副总裁沃尔森提出想要与莱文协商一些重要的合作事宜。

莱文如约和沃尔森会晤。莱文知道他想要干什么。果然不出所料，沃尔森对莱文说："我反复地翻阅了一下我们以前所签的合同，发现我们现在无法按照原定合同规定的价格向你购买原材料，原因是我们发现了更低的价格。"

莱文本来可以对他说"我们白纸黑字早就签好了合同，你不可以单方面撕毁合约。至于其他的事，我们等这次合同期满之后再谈"。

这样，即使沃尔森再不情愿，也只能履约而不能擅自停止采购原材料，但他无疑会因此而感到不舒服。

此时莱文的事业正在蓬勃发展，他需要与这个重要的客户保持长期而又稳定的合作关系，于是，莱文说："那么，请你告诉我你想出什么价？"

沃尔森说："我们要求也不高，单价15美分可以吧。"接着他向莱文解释了一下之所以提出这一降价要求的原因。原来有一家远在数百千米以外的公司给出了14美分的价格，但从那里把原材料运过来，需要另加2美分的运费。所以沃尔森要求把单价降到15美分。

莱文沉吟了一下，在纸上算了一会儿，然后抬起头来对沃尔森说道："我给你12美分。"沃尔森不由得大吃一惊，不相信地问道："你在说什么？是说要给我12美分吗？可我说过我们15美分就可以接受。"

莱文说："我知道，但是我可以给你们12美分的价格。"

沃尔森问："为什么？"

莱文说："请你告诉我你打算与我们合作多长时间？"

沃尔森说："这个自然是看我们彼此合作的情况来定了，就目前来讲，我很乐意与贵公司保持长久而愉快的合作关系。"

于是莱文得到了一个长期合作的承诺，对方得到了一个满意的价格。

第五章

放下不必要的负累，人生才能走得更远

别让欲望成为心灵的陷阱

想拥有美好东西没有错，但这世间美好的东西实在是太多了，我们总希望让尽可能多的东西为自己所拥有，殊不知在你贪婪地占有中，你的心灵也被腐蚀了。

人们总想多得一些，结果往往不知不觉地连自己也失掉了。因此，我们要懂得如何享用你所拥有的，并丢弃不实际的欲念。可很多人虽然拥有了却不知珍惜，反而想要更多。

我们拥有快乐和生命已经是人生最大的拥有，又何必贪求太多呢？贪婪的最后结果只能是一无所有。

人生如白驹过隙一样短暂，有的人在这有限的生命空间里，只知道一味地索取更多，他们拥有了阳光的明媚，还想把璀璨的星光据为己有，但是越是想要占有，越是失去更多。

铅华洗尽，才有持久的美丽

一天，真实和谎言一起到河边洗澡。真实细致地刷洗着自己身上的污垢，而谎言则匆匆忙忙地洗完澡独自上了岸。

它偷偷穿上了真实的衣服，悄悄地溜走了。当真实上岸之后，找不到自己的衣服，却也不愿意穿谎言的衣服，于是只好一丝不挂地走回去，一路寻找着谎言。

从此，人们错把穿着衣服的谎言当作真实，百般敬重；而真实则因为一直赤身裸体而遭受了别人的不屑和白眼。

披着"真实"外衣的"谎言"赢得了人们的尊重，而这些人，也必然会为自己轻率的判断付出代价，因为真实与谎言的最终结果，必然是"真实归于真实，谎言归于谎言"。

一个谎言需要一千个谎言来维持，这正是星云大师之所以认为虚伪过日子是世上最累人的事的原因。不管多么周密的谎言，总有一天会被阳光射穿，而赤裸裸的真实，也总能够绽放出自己华美的光彩。

浓妆艳抹的风姿虽然能够在第一时间吸引住别人的目光，但洗尽铅华后的本色才更加持久。

浪漫和现实是一对相识已久的恋人。

一次，为了考察现实对自己的忠诚程度，浪漫问："你到底爱不爱我？"

"十二分地爱你！"现实回答。

舍与得

"那假设我去世了，你会不会跟我一起走？"

"我想不会。"

"如果我这就去了，你会怎样？"

"我会好好活着！"

浪漫心灰意冷，深感现实靠不住，一气之下和现实分开了，去远方寻觅真爱。

浪漫首先遇到了甜言，接着又碰见了蜜语，相处一年半载后，均感不合心意。过烦了流浪的日子，浪漫通过比较，觉得现实还是出色一些，就又来到现实身边。

此时，现实已重病在床，奄奄一息。

浪漫痛心地问："你要是去世了，我该怎么办呢？"

现实用最后一口气吐出一句话："你要好好活着！"

浪漫猛然醒悟。

现实给出的答案虽然并不能让人动心，但我们却无法不为它的真实所震撼。真正的浪漫，源自爱，也源自责任，甜言蜜语固然能让人得到一时的快乐，可是，它却不能成为终身的依靠。

爱情如是，世间万事哪一件不是如此？

人的生命很脆弱，从牙牙学语到撒手人寰，短暂的几十年我们从轻狂到沧桑，从迷恋刹那间流萤烟火的璀璨到回归冷漠的沉静，从喜欢斑斓的色彩到挚爱黑与白的变奏，这是生命成熟的必经阶段，也是铅华洗尽之后骤然的觉悟。

就像我们总是为路边默默开放的野花而感动，它们不施粉黛，无人宠爱，只有大自然的风吹日晒，间或行人匆匆一瞥。它们一簇一簇地开放，平凡而美丽，无闻却伟大，不为惊叹的赞美，只为平凡的一生。

美丽，在洗尽铅华之后，永恒绽放！

不被表象所迷惑，集中精力于大事

顾全大局的人，不拘泥于区区小节；做大事的人，不追究一些细碎小事；观赏大玉圭的人，不细考察它的小疵；得巨材的人，不为其上的蠹蛀而快快不乐。因为一点儿瑕疵就扔掉玉圭，就永远也得不到完美的美玉；因为一点儿蛀蚀就扔掉木材，天下就没有完美的良材。

处理事情的时候，一味强调细枝末节，以偏概全，就会抓不住要害，没有重点，不知道从哪里下手。有些人只记得了一些表面的、细微的特征，却无法从根本上解决问题。要做大事，就要纵观全局，不能纠缠在小事上走不出来。

有一句话是这样说的，我们宁愿失去一场战斗而赢得一场战争，也不愿意因赢得一场战斗而失去战争。在做事情前要自问："这真的很重要吗？"问问自己："这事值得我那样大动干戈吗？"

如果我们碰到麻烦事时，问自己一声："这事真的很重要吗？"那么许多争吵与不和就不会发生了。

舍与得

不要被一些肤浅的事情所淹没，要集中精力于大事上。

知止是一种人生智慧

汉武帝晚年时，宫中发生了诬陷太子的冤案。当时，太子的孙子刚刚生下几个月，也遭株连被关在狱中。丙吉在参与审理此案时，心知太子蒙冤，他几次为此陈情，都被武帝呵斥。他于是在狱中挑选了一个女囚负责抚养皇曾孙，自己也对其多加照顾。丙吉的朋友生怕他为此遭祸，多次劝他不要惹火烧身，并且说："太子一案，是皇上钦定，我们避之尚且不及，你何苦对他的孙子优待有加？此事传扬出去，人们只怕会怀疑你是太子的同党，这是聪明人干的事吗？"

丙吉脸现惨色，却坚定地说："做人不能处处讲究机心，不念仁德。皇曾孙只是个娃娃，他有什么罪？我这是看到不忍心才有的平常之举，纵使惹上祸患，我也顾不得了。"后来武帝生病卧床，听到传言说长安狱中有天子之气，于是下令将长安的罪囚一律处死。使臣连夜赶到皇曾孙所在的牢狱，丙吉却不放使臣进入，他气愤道："无辜者尚不致死，何况皇上的曾孙呢？我不会让人们这样做的。"

使臣不料此节，后劝他道："这是皇上的旨意，你抗旨不遵，岂不是自寻死路？你太愚蠢了！"丙吉誓死抗拒使臣，他决然说："我非无智之人，这样做只为保全皇上的名声和皇曾孙的性命。事急如此，我若稍有私心，大错就无法挽回了！"

使臣回报汉武帝，汉武帝长久无声，后长叹说："这也许是天意吧。"他没有追究丙吉的事，反而因此对处理太子事件有了不少悔意。他下诏大赦天下罪人，丙吉所管的犯人都得以幸存。多年之后皇曾孙刘询当了皇帝，是为宣帝。丙吉绝口不提先前他对宣帝的恩德。知晓此情的他的家人曾对他说："你对皇上有恩，若是当面告知皇上，你的官位必会升迁。这是别人做梦都想得到的好事，你怎么能闭口不说呢？"丙吉微微一笑，叹息说："身为臣子，本该如此，我有幸回报皇恩一二，若是以此买宠求荣，岂是君子所为？此等心思，我向来绝不虑之。"

后来宣帝从别人口中知晓丙吉的恩情，大为感动，夜不能寐，敬重之下，他封丙吉为博阳侯，食邑一千三百户。神爵三年，丙吉出任丞相。在任上，他崇尚宽大，性喜辞让，有人获罪或失职，只要不是大的过失，他只是让人休假了事，从不严办。有人责怪他纵容失察，他却回答说："查办属官，不该由我出面。若是三公只在此纠缠不休，亲力亲为，我认为是羞耻的事。何况容人乃大，一旦事事计较，动辄严办，也就有违大义了。"丙吉性情温和，从不显智耀能，不知情者以为他软弱好欺，并无真才实学，他也从不放在心上，也不会因此改变心意。

一次，丙吉在巡视途中见有人群殴，许多人死伤在地，丙吉问也不问，只顾前行。看见有牛伸舌粗喘，他竟上前仔细察看，很是关心。他的属官大惑不解，以为他不识大体。丙吉解释说：
"智慧不能乱用乱施，否则就无所谓智慧了。惩治狂徒，确保境
内平安，那是地方长官之事，我又何必插手管理？现在正是初
春，牛口喘粗气，当为气节失调，如此一来，百姓生计必定会受
到伤害，这是关系天下安危的事，我怎能漠视不理？看似小事，
其实是大事，身为宰相，只有抓住要领，才能不失其职。"丙吉
的属官恍然大悟，深为叹服。那些误解丙吉的人更是自愧不已，
暗自责备自己的浅薄和无知。

止的含义有着深刻的内涵。作为一种大智慧，它绝不是简单
的停止无为。它是一招因时而变、出奇制胜的妙法，也是深合事
理、退中求进的处世哲学。对于只知冒进、急功近利者，止的运
用尤显珍贵。

太忙碌，会错失身边的风景

生活中，无数人的口头禅是"我忙啊"。没时间回家看看，
没时间与好友聚会，没时间慢慢恋爱，忙得无心，忙得无情。

虽然放慢脚步对一向急躁的现代人来说是件难上加难的事，
而且许多人对此根本就无暇考虑。但享受生活的一个重要条件就
是，你必须审视自己的所作所为，然后放慢脚步。

因为我们总是在赶时间，所以很少有机会与朋友进行心灵的
交流，结果我们就变得越来越孤独；因为忙碌，我们只知根据温

度来添减衣服，却忽略了四季的更替，就这样不知不觉地过了一年又一年。

英国散文家斯蒂文生在散文《步行》中写道："我们这样匆匆忙忙地做事、写东西、挣财产，想在永恒时间的微笑的静默中有一刹那使我们的声音让人可以听见，我们竟忘掉了一件大事，那就是生活，与生活相比，其他都是细枝末节。我们钟情、痛饮，来去匆匆，像一群受惊的羊。可是你得问问你自己：当老之已至，你还能够坐在家里炉旁快快活活地回望一生，是否能得心安。静坐着默想——记起女子们的面孔而不起欲念，想到人们的丰功伟绩，快意而不羡慕，对一切事物和一切地方有同情的了解，却安心留在你所在的地方——这不是同时拥有智慧和德行，不是和幸福相伴吗？"

放慢一些脚步，尽情地去享受你的人生、你的生活吧！因为享受生活是帮助我们充实人生、帮助人生充满活力的方法。

给幸福的生活脱去复杂的洋装

在我们忙忙碌碌，为生活所累的时候，是否应该回头看一看自己的生活？当我们不断地抱怨，被无穷无尽的牢骚所淹没的时候，是否应当重新考量生活的定位？现如今的我们正被包围在混乱的杂事、杂务，尤其是杂念之中，却不知到底是为谁辛苦为谁忙。一番苦痛和挣扎之后，一颗颗活跃而跳动的心被挤压成了无气无力的皮球，在坚硬的现实中疲软地滚动。也许是因为在竞争的压力下我们逐渐丧失了安全感，于是就产生了对无事可做的恐惧，也许是内心的不安使我们急于去寻找可以依靠的港湾，所以才愈发急着找事做来自我安慰。不知不觉中，我们陷入了一种恶性循环，逐渐远离真正的快乐、远离真实的生活。

也许我们真的太累了，我们疲惫的内心，需要得到休憩的空间。在不断追逐的过程中，我们是不是可以尝试着放弃一些复杂的东西，让一切都恢复简单。其实生活本身并不复杂，真正复杂的是我们的内心。因而，要想恢复简单的生活，必须从"心"开始。

对幸福的需求是永无止境的，没完没了地去追求大家普遍认同的所谓的幸福——大房子、新汽车、时髦服装、朋友、事业，尽管可以在某些方面得到一时快乐和满足，却无法获得内心的真正满足。这些东西绚烂、浮华、带着美丽的外表、穿着诱人的洋装，但带给我们的，只是患得患失的压力和永无止境的挣扎。想要获得真正的幸福，就必须褪去层层叠叠的枷锁，脱去生活复杂的洋装，呼吸清新自由的空气，悠闲而又自在地享受简单而又干净的生活。

剔除了杂质，才会留下无瑕之美

有这样一位哲学家，他带着他的一群学生去漫游世界，十年间，他们游历了很多国家，拜访了很多有学问的人，现在他们回来了，个个满腹经纶。在进城之前，哲学家在郊外的一片草地上坐下来，对他的学生说："十年游历，你们都已是饱学之士，现在学业就要结束了，我们上最后一课吧！"

弟子们围着哲学家坐了下来，哲学家问："现在我们坐在什么地方？"弟子们答："现在我们坐在旷野里。"哲学家又问："旷野里长着什么？"弟子们说："旷野里长满杂草。"

哲学家说："对，旷野里长满杂草，现在我想知道的是如何除掉这些杂草。"弟子们非常惊愕，他们都没有想到，一直在探讨人生奥秘的哲学家，最后一课问的竟是这么简单的一个问题。

一个弟子首先开口说："老师，只要有铲子就够了。"哲学家点点头。

另一个弟子接着说："用火烧也是很好的一种办法。"哲学家微笑了一下，示意下一位。

第三个弟子说："撒上石灰就会除掉所有的杂草。"

接着第四个弟子说："斩草除根，要把根挖出来。"

等弟子们都讲完了，哲学家站了起来，说："课就上到这里了，你们回去后，按照各自的方法除去一片杂草，一年后再来相聚。"

一年后，他们都来了，不过原来相聚的地方已不再是杂草丛生，它变成了一片长满谷子的庄稼地。

所以，如果你想让自己的心灵世界再无纷扰，唯一的方法就是用好的品格占据它。

一个人，在尘世间走得太久了，心灵无可避免地会沾染上尘埃，使原来洁净的心灵受到污染和蒙蔽。面对一个未知的开始，我们往往不确定哪些是想要的。所以，不要害怕自己选择了错误的东西，但一旦发现错误，一定要及时修正，清除心中的杂质，让自己纯净的心灵重新显现。

让都市人的心灵回归简单

人生就好像背着背包去旅行，背的东西越多，自己的脚步就会越沉重。

《简单生活》的作者丽莎·茵·普兰特说过："简单不一定最美，但最美的一定简单。"当你用一种新的视角观察生活、对待生活时，你会发现简单的东西才是最美的，而许多美的东西正是那些最简单的事物。

有这么一位行吟诗人，他一生都住在旅馆里。他不断地从一个地方旅行到另一个地方。他的一生都是在路上，都是在各种交通工具和旅馆中度过的。当然这并不是因为他没有能力为自己头一座房子，这是他选择的生活方式。后来，鉴于他为文化艺术所做的贡献，也鉴于他年老体衰，政府决定免费为他提供住宅，但他还是拒绝了，理由是他不愿意为房子之类的麻烦事情耗费精力。就这样，这位特立独行的行吟诗人，在旅馆和路途中度过了自己的一生。他死后，朋友为他整理遗物时发现，他一生的物质财富就是一个简单的行囊，行囊里是供写作用的纸笔和简单的衣物；而在精神财富方面，他给世界留下了十卷优美的诗歌和随笔作品。

这位诗人的生活是简单而富有意义的。他的人生是一种去繁就简的人生，没有太多不必要的干扰，没有太多欲望的压迫，是一种简单而又纯粹的人生。

人的一生难免会有许多欲望和追求，诸如房子、汽车、金钱、爱情，以及对生命的信仰。不知不觉中我们已经拥有了很多，这些东西有些是我们必需的，而有些不是。那些没有实际用处的东西，除了满足我们的虚荣心和攀比心以外，只会将我们的心灵弄得烦躁不安。

就好像背着背包去旅行，装的东西越多，自己的脚步就会越沉重。所以，与其让自己在疲惫与痛苦中前行，不如将心里的包袱放下。做最简单的自己，做最快乐的自己。

第六章

你给生活好意境，生活才会给你好风景

回不到昨天，却能过好今天

"昨日像那东流水，奔流到西不复回。"成功与失败都被岁月染成了淡淡的黄色，也许，你曾经在脚步匆匆时留下了遗憾，然而，走过的岁月，再也无法回去，虽然已回不到昨天，我们却可以过好今天。

有人说，生活是无法重演的戏，纵使千百次的重现昨日也无法将它拿来一笔勾去，我们不能总是沉浸在对过去的回忆里，迟迟不前。过于沉浸在过去，就会成为今天的羁绊，让明天的我们依旧追悔今日。聪明的人，不问过去，他会过好今天，让每一个今天都充满意义，为自己绘出一个丰富多彩的明天。

我们也都听过"头悬梁，锥刺股"的故事。苏秦年轻的时候，由于学问不够渊博，游走很多地方做事，都受到冷遇。后来，他躬身自省决定回家，没想到连家人对他也很冷淡，瞧不起他。忍受着家人的嘲讽，他下定决心，忘记过去的仕途不顺和他人的冷眼相待，也不追究自己曾经的努力为何成为徒劳，他决定抓住今天发奋读书。后来，他常常读书到深夜。疲倦至极时他就想了一个办法，准备一把锥子，瞌睡时，就用锥子往自己的大腿上刺一下。这样，让疼痛感使自己清醒，继续读书。

后人常用他的故事激励人们发愤读书学习。现在仔细想来，苏秦面对的境况又何止是努力学习那么简单，有时候，心理上的打击要远胜过身体上的疲劳。我们佩服他锥刺股的学习精神，更感叹他的勇气，因为他知道过去已不可留，今日才是他所能选择的。所以，他选择忘记昨天的悲喜，把目光放在了当下。

频频回首，要么是因为不舍，要么是因为遗憾，于是，有人重复着"想要把你忘记真的好难"，在一次次重复中让今天也成了遗憾。聪明的人，会把过去收起，努力过好每一个今天。有人说：记住该记住的，忘记该忘记的。改变能改变的，接受不能改变的。既然回不到昨天，那么就过好今天。

你所拥有的，才是真正的财富

人常说，知足常乐。知足是一种处世态度，常乐是一种释然的情怀。知足常乐，贵在珍惜，珍惜自己所拥有的一切，不抱怨，不贪求。当我们都因忙于追求、拼搏而失去方向的时候，知足常乐，这种在平凡中渲染的人生底色中孕育的宁静与温馨，对于风雨兼程的我们是一个避风的港口。真正做到知足常乐，人生会多一分从容，多一些达观。

做人要知道满足，要懂得珍惜，不可贪得无厌。每个人出生时不可能都含着一把通向富贵、幸福之路的钥匙，但是每个人都拥有一双勤劳的手，不要把对美好生活的期待寄托在上天的恩赐上，美好的生活应该靠勤劳的双手去创造。

对于一个不知足的人来说，天下没有一把椅子是舒服的，他也永远无法看到自己所拥有的青春、能力、经验、激情、教养、信念。不满之心就像是一团熊熊烈火，放的柴越多，烧得越旺；火烧得越旺，人就越有添柴的冲动。于是，人奔来奔去，忙里忙外，既无暇休息，也体会不到忙碌的乐趣。

知足是天下第一富。人如果不知足，虽在天堂却犹处地狱；能够知足的人，虽卧荒地也如天堂。

无法看到自己所拥有的，就无法珍惜，这是一种极其危险的情绪，既能够摧毁有形的东西，也能搅乱我们的内心世界。擦亮眼睛，看看我们所拥有的：生命、时光、理想、热情、知识、亲情、友谊……你拥有的，这些才是你真正的财富。

将不计功利的快乐融进生命

每个人活在这个世界上,都有自己不同的位置,每个位置都有不同的生活,每种生活都有不同的快乐。就像龙王和青蛙的故事,每个人都有自己的满足与快乐,假如可以不计得失地生活,就不会被角色所制约。

有一天,龙王与青蛙在海滨相遇,打过招呼后,青蛙问龙王:"大王,你的住处是什么样的?""珍珠砌筑的宫殿,贝壳筑成的阙楼,屋檐华丽而有气派,厅柱坚实而又漂亮。"龙王反问了一句:"你呢?你的住处如何?"青蛙说:"我的住处绿藓似毡,娇草如茵,清泉潺潺。"

接着,青蛙又向龙王提了一个问题:"大王,你高兴时如何?发怒时又怎样?"龙王说:"我若高兴,就普降甘露,让大地滋润,使五谷丰登;若发怒,则先吹风暴,再发霹雳,继而打闪放电,叫千里以内寸草不留。那么,你呢?青蛙。"青蛙说:"我高兴时,就面对清风朗月,呱呱叫上一通;发怒时,先瞪眼睛,再鼓肚皮,最后气消肚瘪,万事了结。"

我们活在世上,每个人都扮演一定的社会角色,或者是"龙王",或者是"青蛙"。龙王有龙王的活法,青蛙有青蛙的活法,不要一味地羡慕别人。青蛙们和龙王们都各有各的快乐,也各有各的痛楚。只要生活得简单,有乐趣,觉得满足,就是美好的生活。

舍与得

当我们释放了自己的愤懑、不满，放下计较、得失与纠缠，就会发现做龙王和做青蛙其实没什么大的区别，只要一切都顺其自然，安心做好自己，那么芸芸众生也就各复归其根了。

人来到这个世界后，一开始无忧无虑，因为需求的东西少，负担少，所以得到的快乐也就多。随着自己想要的东西不断地增加，要求不断地提高，各种各样的负担和烦恼也由此而生，除了苦苦追寻要得到的一切之外，再也没有时间去想自己是不是过得快乐。到了最后，终于明白了这个问题，但生命的脚步却越走越远。

世间人，有一种情怀是不问结果的，这也是对生命自信的一种挥洒。人在社会中需要经受各种的考验和煎熬，心慢慢变冷，像一颗坚硬的蛋。可假如经历过尘世风雨的洗礼，依然能够用阳光一样的微笑来面对世界，这才是最可贵的。

跨越吝啬的藩篱，与幸福同在

罗素说过，吝啬，比其他事更能阻止人们过自由而高尚的生活，就是告诉我们一定要摒弃吝啬的不良习惯。

凡吝啬的人一般都是自私的、贪婪的。这类人只是嫌自己发财速度太慢，总嫌发财"效率"太低，总想不劳而获或者少劳多获，因而挖空心思地、不择手段地算计他人、算计集体、算计社会。

这种过于吝啬的习性的一种表现是与人交往只索取不奉献。

吝啬果真能给吝啬者带来愉快吗？不能。其实吝啬者的生活是最不安宁的，他们整天忙着挣钱，最担心的是丢钱，唯恐盗贼将他们的金钱偷走，唯恐一场大火将其财产吞噬掉，唯恐自己的亲人将它们挥霍掉。整天提心吊胆，坐立不安，永远不会愉快。

所以，我们要远离吝啬的魔鬼，走出吝啬的灰暗，寻找生命中那一份与人分享的蓝天。施予的追求没有资格的限制，再吝啬、再坏的人，只要决心想给予，就可以透过训练开启奉献之心。在生活中，让我们学会奉献吧，因为，只有如此，才能让我们得到更多；学会给予，才能收获幸福；懂得付出，才能有更多收获。

舍弃没有意义的抱怨，让自己快乐起来

抱怨只是暂时的情绪宣泄，它只是心灵的麻醉剂，但绝不是解救心灵的方法。所以，遇到问题抱怨是最坏的方法。罗曼·罗兰说只有将抱怨的心情化为上进的力量，才是成功的保证。也有人说，如果一个人青少年时就懂得永不抱怨，那实在是一个良好又明智的开端。倘若我们还没修炼到此种境界，就最好记住下面的话：如果事情没有做好，就千万不要为抱怨找借口。

人生之事，不顺者十之八九，常想一二。这句话的意思是说人活在世上，十件事中有八九件都会使人不顺心，但要常去想

那一两件使人开心的事。每个人都会遇到烦恼，明智的人会一笑了之，因为有些事是不可避免的，有些事是无力改变的，有些事情是无法预测的。能补救的应该尽力补救，无法改变的就坦然面对，调整好自己的心态去做该做的事情。

一名飞行员在太平洋上独自漂流了二十多天才回到陆地。后来有人问他，从那次历险中他得到的最大教训是什么。他毫不犹豫地说："那次经历给我的最大教训就是，只要还有饭吃，有水喝，你就不该再抱怨生活。"

人的一生总会遇到各种各样的不幸，但快乐的人不会将这些装在心里，他们没有忧虑。所以，快乐是什么？快乐就是珍惜已拥有的一切，知足常乐。

人们喜欢那些乐观的人，是喜欢他们表现出的超然。生活需要的信心、勇气和信仰，乐观的人都具备。他们在自己获益的同时，又感染着别人。人们和乐观——包括豁达、坚韧、沉着的人交往，会觉得困难从来不是生活的障碍，而是勇气的陪衬。和乐观的人在一起，自己也就变得乐观。

抱怨相当于赤脚在石子路上行走，而乐观是一双结结实实的靴子。

学会放弃，才能更好地生活

不懂得放弃的人，总将生活中的不如意绕在心灵的枝条上。生活有苦也有乐、有喜也有悲、有得也有失，拥有一颗达观、开朗的心，就会使平凡暗淡的生活变得有滋有味、有声有色。

生活的路并非一马平川，难免磕磕绊绊。我们学会了竞争，学会了占有。而放弃则是另一种生存方式。此路不通，换一条路走，总有一条适合自己，总有一条能通向成功。当你以一副义无反顾的姿态艰辛地在一条路上跋涉的时候，也许，另一条路上鲜花正灿烂开放，笙歌四起。

有时候放弃是意志的升华，是精神的超脱，是一种境界。学会放弃的人，才是真正的大智大勇。人生其实就是一段路，从这头走到那头，可以哭，可以笑，却没有停止的理由。经历了重重磨难，经过情感的大起大落，才能真正明白放弃的内涵：学会放弃，放弃名利的追求，放弃钱财的索取。退一步，不会是永远的失败，恰恰可能是海阔天空。

放弃，不是"轻言失败"，不是遇到困难阻碍就退却、屈服，是迎难而上的另一种方式。放弃遥不可及的幻想，放弃孤注一掷的鲁莽，多几分冷静，多几分沉着。"山重水复疑无路，柳暗花明又一春。"再回首时，才会发现，曾经的放弃是多么明智的选择。

合理调整期望值

我们总是对自己的生活充满了各种期望。合理的期望有利于我们形成良好的人生规划。可现实的状况是，我们设立的期望值常常偏离合理的基线，要么过高，要么过低。

在生活中，你所设置的期望越高，而又因能力有限或受客观因素影响无法实现时，所遭受的打击就越大，挫折感就越重，便由此产生心理失衡、失望、抑郁，特别严重时还可能走向极端。只要我们平时留意，就可发现，在我们四周常可以见到一些因期望值过高而引发心理障碍的患者。

其实，假如原定的期望值达不到，是可以转化调整的。很多人受挫，多数是期望超过了自己的实际可能。因此，当目标不切实际时，就干脆放弃；当目标过高，却不能放弃时，就应当根据实际情况做适当调整，可以把大目标分解成若干个小目标，然后通过实现小目标，最终达到大目标。

但我们也不应太过低估自己的能力，而将自己的期望值设立得太低。在一个低期望的心态下工作，尽管能够达到目标，但是往往会失去创造更多价值的机会，失去进取的动力，更有甚者，会因过低的期望值而对自己的能力产生怀疑。此时，我们应该调整自己的期望，树立信心。

自我期待是一种无形但巨大的力量，它推动人们不断地塑造、完善自我。存在主义哲学家萨特说："你想成为什么，你就会成为什么。"因此，随着环境与自身条件的改变，及时调整自己的期望值，是成功的条件之一。

不要虐待自己

著名的钢琴大师鲁宾斯坦有次给朋友一盒上等雪茄，朋友表示要好好珍藏这一特别的礼物。"不，不要这样，你一定要享用它们，这种雪茄如人生一样，都是不能保存的，你要尽量享受它们。没有爱和不会享受人生，就没有快乐。"钢琴大师对朋友说。

钢琴大师的话寓含深奥的人生哲理，我们每个人都有必要读懂它，记住它，运用它。可是在现实生活中，类似下面这样的事情还是经常在我们身上发生：

玛丽家里有三个开水瓶。平时，只要哪个开水瓶里没有水了，玛丽总会及时去烧开水，把那空着的水瓶注满。

这天，玛丽烧好水，刚注满两个空着的开水瓶，玛丽的丈夫走过来，拿起其中一个就往茶杯里倒水。玛丽止住了他，指了指另一个瓶说："先喝昨天烧的。"丈夫只好放下手里的瓶，提起那个瓶，往杯里一倒，水已不热。丈夫虽皱了皱眉，但他还是从容地喝了这凉开水。他知道，如果不喝，玛丽又会说，自己家烧的水，不能像公司里那样，隔夜的开水凉了就倒掉。

玛丽天天都要烧开水，但玛丽一家人天天都只喝凉开水。

玛丽买了一箱梨。买回当天，玛丽清理出几个烂梨子。她把好梨装回箱子时，把那几个烂梨子剜去烂掉的部分，洗净，然后动员全家人一起"消灭"了那几个烂梨子。

过了几天，玛丽打开箱子，发现又烂了几个梨子。她再次把烂梨子清理出来，剜去烂掉的部分洗净后，再次动员全家一起突击吃烂梨子。

梨子仍在烂。玛丽一家吃了一箱烂梨子。

玛丽家有了冰箱后，玛丽上街买菜一次买很多，回来时，把冰箱塞得满满的。这样可以吃上一些日子。

玛丽每次发现冰箱里面的菜不多了，便提上菜篮子，上街又狠狠地采购一批。回来时，除了菜篮子里装满了，还大包小包提着几个塑料袋。每次买菜回来都把冰箱里原来剩下的菜清出来，把刚买的新鲜菜放进去。玛丽是这样认为的：先前买的菜必须先吃，不然坏了可惜。

玛丽家冰箱里的菜总是在循环，新买的菜总是被玛丽放进冰箱里，玛丽家每日吃的都是在冰箱里储存了一段时间的菜。

玛丽的丈夫出差回来，给玛丽买了一套流行的套装裙。玛丽很高兴，她把衣裙试了一次后，便舍不得穿，将衣服挂进衣柜里，又穿起那些旧衣服。她觉得那些旧衣服都还没穿坏，搁在那儿不穿挺可惜的，新衣服可以存起来以后再穿。

玛丽的丈夫仍在不断地给玛丽买时兴的衣服，玛丽也喜欢。可玛丽总是舍不得丢弃旧衣服。一天，玛丽从箱柜里取出自买回来只穿了一次的踏脚裤，玛丽走在大街上，引来了不少人侧目，玛丽却一脸灿烂，为引来如此高的回头率而自我感觉良好。玛丽自己当然不知道，这种裤子早已过时。

其实人生很多时候需要舍弃一些东西，这并不是浪费，而是合理取舍。

在此需要说明的是，我们提倡尽量享受生活，不是让你超前享受，更不是让你奢侈，而是在有条件的前提下去享受。比如和家人一起看场电影，和朋友一起做一次短途旅行，和心爱的人一起享受一顿美食，等等。

总之，该享受的时候绝不吝啬，这样的日子才会过得有滋有味，这样的日子才是好日子。

舍得分享，有利于改善我们的生存环境

一个精明的荷兰花草商人，千里迢迢从遥远的非洲引进了一种名贵的花卉，培育在自己的花圃里，准备到时候卖个好价钱。对这种名贵花卉，商人爱护备至，许多亲朋好友向他索要，一向慷慨大方的他却连一粒种子也不给。

第一年的春天，他的花开了，花圃里万紫千红，那种名贵的花开得尤其漂亮。第二年的春天，他的这种名贵的花已繁育出了五六千株，但他发现，今年的花没有去年开得好，花朵略小不说，还有一点儿杂色。到了第三年，名贵的花已经繁育出了上万株，令他沮丧的是，那些花的花朵变得更小，花色也差很多，完全没有了它

在非洲时的那种雍容和高贵。当然,他没能靠这些花赚上一大笔。

难道这些花退化了吗?可非洲人年年种养这种花,大面积、年复一年地种植,并没有见这种花会退化呀。百思不得其解,他便去请教一位植物学家。

植物学家问他:"你的邻居种植的也是这种花吗?"

他摇摇头说:"这种花只有我一个人有,他们的花圃里都是些郁金香、玫瑰、金盏菊之类的花卉。"

植物学家沉吟了半天说:"尽管你的花圃里种满了这种名贵之花,但和你的花圃毗邻的花圃却种植着其他花卉,你的这种名贵之花被风传播了花粉后,又沾上了毗邻花圃里的其他品种的花粉,所以你的名贵之花一年不如一年,越来越不雍容华贵了。"

商人问植物学家该怎么办,植物学家说:"谁能阻挡住风传播花粉呢?要想使你的名贵之花不失本色,只有一种办法,那就是让你邻居的花圃里也都种上你的这种花。"于是商人把自己的花种分给了自己的邻居。次年春天花开的时候,商人和邻居的花圃几乎成了这种名贵之花的海洋——花色典雅,朵朵流光溢彩,雍容华贵。这些花一上市,便被抢购一空,商人和他的邻居都发了大财。

所以,面对生活中的得失时,我们的目光不要太短浅,心胸不要太狭窄,要学会分享,这其实是一项大智若愚的"长远投资",有利于提升我们的形象,有利于改善我们的生存环境,有利于我们在这个人情味十足的社会中立足并发展。

快乐不在于拥有得多，而在于计较得少

世上本无事，庸人自扰之

世上本无事，庸人自扰之。其实很多时候，烦恼都是自找的，要想从烦恼的牢笼中解脱，首先要做到"心无一物"，放下心中的一切杂念，不为外物的悲喜所侵扰，才能够抛却一切的烦恼，得到内心的安宁。

萧伯纳曾经说过："痛苦的秘诀在于有闲工夫担心自己是否幸福。"许多烦恼和忧愁缘于外物，却是发自内心，如果心灵没有受到束缚，外界再多的侵扰都无法影响你的内心；反之，如果内心波澜起伏，汲汲于功利，汲汲于喜乐，那么即便是再安逸的环境，都无法洗掉你心灵上的尘埃。正所谓"菩提本无树，明镜亦非台，本来无一物，何处惹尘埃"。一切的杂念与烦忧，都是自己的心所激荡起的涟漪，只要不去自寻烦忧，那么，烦扰自当远离。

世上没有任何事情是值得忧虑的

忧虑是一种过度忧愁和焦虑的情绪体验。正常人也会有忧虑的时候，但如果是毫无原因的忧虑，或虽有原因，但不能自控，显得心事重重、愁眉苦脸，就属于心理性忧虑了。

如果一个人不及时调整，一味地忧虑下去，那么他只是在折磨自己，事情也不会发生任何改变。

如果凌晨三四点的时候，你还在忧虑，似乎全世界的重担都压在你肩膀上：到哪里去找一间合适的房子？要不要换一份好一点儿的工作？内心的忧虑使你要做的事在脑子里滚转翻腾不已。

深呼吸，睁开眼睛，再轻松地闭起来，告诉自己："不要怕。"仔细想想这些有魔力的字句，而且要真正相信，不要让你的心仍彷徨在恐惧和烦恼之中，这样，忧虑就会缓解。

我们不能将忧虑与计划安排混为一谈，虽然二者都是对未来的一种考虑。未来的计划有助于你现实中的活动，使你对未来有具体想法与行动指南。而忧虑只是因今后可能发生的事情而产生焦虑。忧虑是一种流行的社会通病，几乎每个人都要花费大量的时间为未来担忧。忧虑消极而无益，既然你是在为毫无积极效果的行为浪费自己宝贵的时光，那么你就必须改变这一缺点。

请记住，世上没有任何事情是值得忧虑的。你可以让自己的一生在对未来的忧虑中度过，然而无论你多么忧虑，你也无法改变现实。

生命太短促了，不要再顾忌那些小事

事事计较、精于算计的人，不但容易损害人际关系，从医学的观点看，也对自己的身体极其有害。《红楼梦》里的林黛玉，虽有闭月羞花、沉鱼落雁的美丽容貌，可总是患得患失，别人一句无意的话都会让她辗转反侧，难于入眠，抑郁不已，再加上情感上的打击，终于落得个"红颜薄命"的悲惨结局。

还有这样一个故事：一群好朋友，原本欢欢喜喜地去饮酒，酒下了肚没有多久，大伙你一句他一句地开玩笑，突然盘飞菜溅，大伙打成了一团。究其原因，也不过是甲说了乙没能力，乙认为伤了男性的自尊心，一定要讨回面子而已。小小的一个玩笑演变成你死我伤的局面，怎不令人唏嘘？

世上有许多类似的情节，皆因一句话、一个小举动弄得朋友反目成仇，到头来失去朋友、断了交情，可谓得不偿失。古语有云"小不忍则乱大谋"，一点儿不假。

人生之事，只要不是原则性的大事，得过且过又何妨？人活在世上，理应开朗、豁达，活得超脱一些；凡事斤斤计较，只是徒增烦恼罢了。

我们活在这个世上只有短短的几十年，而浪费很多的时间去愁一些很快就会被所有人忘了的小事，值得吗？请把时间只用在值得做的事情上，去经历真正的感情，去做必须做的事情。

人生的快乐不在于拥有得多，而在于计较得少

我们可以相信一句话：人生中总是有很多的琐事纠缠着我们，但是我们不能对此斤斤计较，因为心胸狭窄是幸福的天敌。

生活中，将人击垮的并不全是那些看似灭顶之灾的挑战，有些是一些微不足道的、鸡毛蒜皮的小事。人们的大部分时间和精力无休止地消耗在这些鸡毛蒜皮的小事之中，最终让大部分人一生一事无成。

大家都知道在法律上的一条格言："法律不会去管那些小事情。"一个人不该为一些小事斤斤计较、忧心忡忡，如果他希望求得心理上的平静和快乐的话。

很多时候，要想克服由一些小事情所引起的困扰，只需将你的注意力转移开来，给自己设定一个新的、能使你开心一点儿的看问题的角度与方法就可以了。这样你会重新收获生活的快乐。

放开自己，不纠结于已失去的

生活中有一种痛苦叫错过。人生中一些极美、极珍贵的东西，常常与我们失之交臂，我们总会因为错过美好而感到遗憾和痛苦。其实喜欢一样东西不一定非要得到它，俗话说："得不到的东西永远是最好的。"当你为一份美好而心醉时，远远地欣赏它或许是最明智的选择，错过它或许还会给你带来意想不到的收获。

第七章　快乐不在于拥有得多，而在于计较得少

美国的哈佛大学要在中国招一名学生，这名学生的所有费用由美国政府全额提供。初试结束了，有三十名学生成为候选人。

考试结束后的第十天，是面试的日子。三十名学生及其家长聚集锦江饭店等待面试。当主考官劳伦斯·金出现在饭店的大厅时，大家一下子把他围了起来，他们用流利的英语向他问候，有的甚至还迫不及待地向他做自我介绍。这时，只有一名学生，由于起身晚了一步，没来得及围上去，等他想接近主考官时，主考官的周围已经是水泄不通了，根本没有插空而入的可能。

于是他错过了接近主考官的大好机会，他觉得自己也许已经错过了机会，于是有些懊丧起来。正在这时，他看见一个异国女人有些落寞地站在大厅一角，目光茫然地望着窗外，他想：身在异国的她是不是遇到了什么麻烦，不知自己能不能帮上忙？于是他走过去，彬彬有礼地和她打招呼，然后向她做了自我介绍，最后他问道："夫人，您有什么需要我帮助的吗？"接下来两个人聊得非常投机。

后来这名学生被劳伦斯·金选中了，在三十名候选人中，他的成绩并不是最好的，而且面试之前他错过了跟主考官打招呼、加深自己在主考官心目中印象的最佳机会，但是他无心插柳柳成荫。原来，那位异国女子正是劳伦斯·金的夫人。

这件事曾经引起很多人的震动：原来错过了美丽，收获的并不一定是遗憾，有时甚至可能是圆满。

许多的心情，可能只有经历过之后才会懂得，如感情，痛过了之后才会懂得如何保护自己，傻过了之后才会懂得适时地坚持与放弃。在得到与失去的过程中，我们慢慢认识自己，其实生活并不需要这么些无谓的执着，没有什么不能割舍的，学会放弃，生活会更容易！

因此，在你感觉到人生处于低谷的时候，也不要为错过而惋惜。失去也许会带给你意想不到的收获。

睁一只眼闭一只眼，对小事不予计较

美国著名的成功学大师戴尔·卡耐基是一位处理人际关系的"高人"，然而他早年时也曾犯过一些错误。

有一天晚上，卡耐基和自己的一个朋友应邀去参加一个宴会。宴席中，坐在他右边的一位先生讲了一段幽默故事，并引用了一句话，意思是"谋事在人，成事在天"。那位健谈的先生提到，他所引用的那句话出自《圣经》。然而，卡耐基发现他说错了，他很肯定地知道出处，一点儿疑问也没有。

出于一种认真的态度，卡耐基很小心地纠正了过来。那位先生立刻反唇相讥："什么？出自莎士比亚？不可能！绝对不可能！"那位先生一时下不来台，不禁有些恼怒。当时卡耐基的老朋友弗兰克就坐在他的身边。弗兰克研究莎士比亚的著作已有多年，于是卡耐基就向他求证。弗兰克在桌下踢了卡耐基一脚，然后说："戴尔，你错了，这位先生是对的。这句话出自《圣经》。"

那晚回家的路上，卡耐基对弗兰克说："弗兰克，你明明知道那句话出自莎士比亚。""是的，当然。"弗兰克回答，"在哈姆雷特第五幕第二场。可是亲爱的戴尔，我们是宴会上的客人，为什么要证明他错了？那样会使他喜欢你吗？他并没有征求你的意见。为什么不知趣一些，保留他的脸面，非要说出实话得罪他呢？"

一些无关紧要的小错误，放过去，无伤大局，没有必要去纠正它。这不仅是为了自己避免不必要的烦恼和人事纠纷，也顾及了别人的名誉，不致给别人带来无谓的烦恼。这样做，体现了你的度量。

人们常说："凡事不能太认真。"一件事情是否该认真，这要视场合而定。钻研学问要认真，面对大是大非的问题要认真。但是，在不忘大原则的同时，我们要做适时的变通，对于一些无关大局的琐事，不必太较真。不看对象、不分地点刻板地认真，往往使自己处于一种尴尬的境地，处处被动受阻。如果能理智地后退一步，淡然处之，不失为一种追求至简生活的处世之道。

舍与得

且咽一口气，内心的格局便明朗了

善于放弃是一种境界，是人生跌宕起伏之后对世俗的一种了然，是饱经人间沧桑之后对财富的一种感悟，是运筹帷幄、成竹在胸、充满自信的一种流露。只有在了如指掌之后才会懂得放弃并善于放弃，只有在懂得放弃并善于放弃之后才会获得无尽的财富。

杨玢是宋朝时期的一个尚书，年纪大了便退休在家，安度晚年。他家住宅宽敞、舒适，家族人丁兴旺。有一天，他在书桌旁，正要拿起《庄子》来读，他的几个侄子跑进来，大声说："不好了，我们家的旧宅被邻居侵占了一大半，不能饶他！"

杨玢听后，问："不要急，慢慢说，他们家侵占了我们家的旧宅地？"

"是的。"侄子们回答。

杨玢又问："他们家的宅子大还是我们家的宅子大？"侄子们不知其意，说："当然是我们家的宅子大。"

杨玢又问："他们占些我们家的旧宅地，于我们有何影响？"侄子们说："没有什么大影响，虽然如此，但他们不讲理，就不应该放过他们！"杨玢笑了。

过了一会儿，杨玢指着窗外落叶，问他们："树叶长在树上时，那枝条是属于它的，秋天树叶枯黄了落在地上，这时树叶怎么想？"他们不明白含义。杨玢干脆说："我这么大岁数，总有一天要死的，你们也有老的一天，也有要死的一天，争那一点点宅地对你们有什么用？"侄子们现在明白了杨玢讲的道理，说："我们原本要告他的，状子都写好了。"

侄子呈上状子，杨玢看后，拿起笔在状子上写了四句话："四邻侵我我从伊，毕竟须思未有时。试上含光殿基望，秋风秋草正离离。"

写罢，他再次对侄子们说："在私利上要看透一些，遇事都要退一步，不要斤斤计较。"

不要为了无聊的事小题大做

我们每天都会经历这样或那样的事。每件事的重要性也不尽相同，有的事情至关重要，而有的，则无关紧要。重要的事情固然应当认真对待，然而如果小题大做，成天为无聊的小事而发愁的话，是无法成就大事的。当然，在无聊的细节之处过于较真的人，也是令人讨厌的。

布莱恩有一次在一家小旅馆住宿。

午夜时分，忽然听到浴室中有一种奇怪的声音。过了一会儿，布莱恩看见一只老鼠跳上镜台，然后又跳下地，在地板上做了些怪异的老鼠体操。后来它又跑回浴室，使布莱恩一夜都没睡好觉。

第二天早晨，他对打扫房间的女侍说："这间房里有老鼠，夜里出来，吵了我一夜。"女侍说："这旅馆里没有老鼠。这是头等旅馆，而且所有的房间都刚刚刷过漆。"

布莱恩下楼时对电梯司机说："你们的女侍倒真忠心。我告诉她说昨天晚上有只老鼠吵了我一夜，她说那是我的幻觉。"

没想到，电梯司机说："她说得对。这里绝对没有老鼠！"

布莱恩的话被他们传开了。柜台服务员和门口看门的在他走过时都用怪异的眼光看他。

第二天早晨，他到店里买了只老鼠笼和一包咸肉。他把这两件东西包好，偷偷带进旅馆，不让当时值班的员工看见。翌日早晨他起床时，看到老鼠在笼里，还活着，也没有受伤。他心想，我将证据摆在他们面前，他们还怎样说我无中生有！

但在他准备走出房门时，忽然间意识到，如此做法，是否有些小题大做，岂不是显得自己太无聊，而且很讨厌？

于是布莱恩赶快轻轻走回房间，把老鼠放出，让它从窗外宽阔的窗台跑到邻屋的屋顶上去了。

半小时后，布莱恩退掉房间，离开旅馆，出门时把空老鼠笼递给侍者。他发现，厅中的人都向他微笑点头，目送着他推门而去。

职场的第一法则是先付出后收获

舍得投入，职场的充电投资"经"

在现代社会中，科学技术发展迅速，大学生就业剩余，各个行业用人趋向饱和，这使得职场的竞争变得越来越激烈。工作中不断地注入新的内容和活力，要求我们必须不断学习和更新职业技能。

所以，我们只有不断对自己进行充电，随时更新自己的文化水平，不断地掌握新技术来改进和发展自己的工作能力，才有机会在激烈的人才竞争中占据一席之地。

那么，我们应该怎样给自己充电呢？自我充电的内容应包括以下几个方面：

1.加强职业道德修养

也许你并没有认识到这一点，职业道德修养是职业活动的基础，也是自我完善的必由之路。它是从业人员根据职业道德规范的要求，在职业意识、职业情感、职业理想和行为等方面的自我教育、自我培养、自我锻炼和自我改造，它可以提高自己的道德素质，不断克服错误思想的职业意识。可以说，职业道德修养的过程，是使自己在职业道路的阶梯上不断攀登的过程。

2.不断学习科学文化知识

在当代科学技术日益成为生产力重要因素的情况下，缺少文化技术知识，不可能成为一个合格的职业人才。在工作中，即使我们大学毕业了，有了职称和工作业绩，也只能表明过去。每个人在职业活动中的能力，基本上取决于对高新文化技术知识的掌握和运用程度。

3.提高职业操作技能

任何职业活动都是由一定的职业操作技能联结成的，提高职业操作技能就等于提高职业活动能力。你可以通过学习、实验、参加比赛等形式，不断提高本职业的基本操作技能，并达到较高的熟练程度，以顺利地完成本职工作任务。

4.掌握职业生活技巧

任何一种成功的职业活动中，都包含着职业科学成分，如怎样进行职业保健、怎样能成才、怎样能解除职业生活中的种种困扰等，都存在方法和技巧问题。懂得技巧就可能使职业生活变得丰富而有活力，否则，就难免走弯路，甚至导致职业生活失败，所以，我们不能忽视对职业生活技巧的学习和运用。

良好的技巧能够弥补很多缺憾和不足，有助于在理想的职业领域大显身手。

现在的企业竞争越来越激烈。对于职场中的我们来说，想要保住饭碗，更不能坐吃老本，不注意知识的积累。只有不断对自己进行充电，丰富自己的头脑，我们才能在职场竞争中始终立于不败之地。

忍耐是成就事业的必需

"忍"并不是懦弱，也不是毫无原则的退让，而是对很多事不较真。古人说："水至清则无鱼，人至察则无徒。"在一些小事上没有必要斤斤计较，这是一种对生命的领悟，以及对人生的豁达态度。对于很多事不要太过计较，要保持一种洒脱的心态。

孔子的克己复礼是忍耐，他的思想至今在人间散发着理性的光芒，成为众人提倡的奉行之本。刘邦在取得汉中后广积粮、高筑墙、缓称王是忍耐，终成一代帝业。韩信甘愿受胯下之辱是忍耐，司马迁遭受宫刑著《史记》是忍耐。

职场中人要有更大的忍耐之心，技术的修炼需要忍耐辛劳，职场的升迁需要忍耐寂寞。学会忍耐，才能在事业上取得一个个成功。

放弃忠诚就等于放弃成功

忠诚是员工的立身之本。一个禀赋忠诚的员工，能给他人以信赖感，让老板乐于接纳，在赢得老板信任的同时更能为自己的发展带来莫大的益处。相反，一个人如果失去了忠诚，就等于失去了一切——失去朋友，失去客户，失去工作。从某种意义上讲，一个人放弃了忠诚，就等于放弃了成功。

一个人任何时候都应该忠诚，这不仅是个人品质问题，也关系到公司的利益。忠诚不仅有道德价值，而且还蕴涵着巨大的经济价值和社会价值。尽管现在有一些人无视忠诚，凡事利益至上，但是，如果你为了利益放弃忠诚，这将会成为你人生中永远都抹不去的污点。

事实上，无论什么原因，只要你失去了忠诚，就失去了人们对你最根本的信任。因此不要为自己所获得的利益沾沾自喜，其实仔细想想，失去的远比获得的多，而且你所获得的东西可能最终还不属于你。相反，如果你在工作中一直坚持忠诚的原则，忠于公司，你必将获得老板的赏识和众人的尊敬。

著名管理大师艾柯卡，受命于福特汽车公司面临重重危机之时，他大刀阔斧进行改革，使福特汽车公司走出危机。福特汽车公司董事长小福特却对艾柯卡进行排挤，这使艾柯卡处于一种两难境地。但是，艾柯卡却说："只要我在这里一天，我就有义务忠诚于我的企业，我就应该为我的企业尽心竭力地工作。"尽管后来艾柯卡离开了福特汽车公司，但他仍对自己为福特公司所做的一切感到欣慰。"无论我为哪一家公司服务，忠诚都是我的一大准则。我有义务忠诚于我的企业和员工，到任何时候都是如此。"艾柯卡说。正因为如此，艾柯卡不仅以他的管理能力征服了其他人，也以自己的人格魅力征服了别人。无论一个人在组织中是以什么样的身份出现，对组织的忠诚都应该是一样的。

对自己的期望要比老板对你的期望更高

假如老板的周围缺乏主动工作者，而你具有强烈的主动工作精神，你自然能得到重视，受到重用。

如果只有在别人注意时才有好的表现，那么你永远无法成功。最严格的表现标准应该是由自己设定的，而不是由别人去要求的。如果你对自己的期望比老板对你的期望高，那么你无须担心会失去工作。同样，如果你能达到自己设定的最高标准，那么升迁晋级也将指日可待。

能够主动工作的员工，在任何地方都能获得成功。那些消极、被动地对待工作，在工作中寻找种种借口的员工，是不会受到公司欢迎的。

我们经常会发现，那些被认为一夜成名的人，其实在功成名就之前，早已默默无闻地努力工作了很长一段时间。成功是一种努力的积累，不论何种职业，想攀上顶峰，通常都需要经过漫长的努力和精心的规划。

比别人多做一点儿，收获大不同

在成功的道路上，除了勤奋，是没有任何捷径可走的，在每个成功者的身上，都可以看到勤劳的好习惯。

笨鸟先飞，尚可领先，何况并非人人都是"笨鸟"。勤奋，使青年人如虎添翼，能飞又能闯。

任何事情，唯有不停前进方可有生命力。在这个竞争激烈的世界里，人才云集，竞争对手强大。快节奏的生活、高度的竞争又时刻令人体会到一种莫大的压力，潜移默化地催人上进。

成功的得来可并不容易，是需要勤奋工作得来的。只有辛勤的劳动，才会有丰厚的人生回报。即使给你一座金山，你无所事事，也总有一天会坐吃山空的。传说中的点石成金之术并不存在，在劳动中获得财富才是最正确的途径。你想拥有金子，最好的办法是辛勤地耕耘。

人生是一个充满谜团的过程。在这个过程中，会有许许多多令人感到喜怒哀乐的事情，也会有许多意想不到却又似乎是上天特意考验我们的事情出现。在这些事情的考验下，有的人充实而成功地走完了这一过程，有的人却相反，在遗憾中随风逝去。

我们每一个健康生活的人都希望自己能够走向成功，都想在成功中领略人生的激动，而成功又不是轻易予人的。

那些形成了良好工作习惯的人总是闲不住，懒惰对他们来说是无法忍受的痛苦。即使由于情势所迫，不得不终止自己早已习惯了的工作，他们也会立即去从事其他工作。那些勤劳的人们总是很快就会投入到新的生活或工作中去，并用自己勤劳的双手寻找、挖掘出生活中的幸福与快乐。要享受成功的幸福，首先要付出你的辛劳汗水，只有这样，你才会收获耕耘的快乐。

理解同事能够增加好感

人与人之间能相互理解是建立友谊的基础，没有理解就不可能博得对方的好感。理解是融洽的前提，没有理解的双方在交往中很难达成共识，也很难找到双方的共鸣点。无论何时何地，人与人之间真诚的关心最容易使人互生好感。如果在工作中能够对同事多些理解，那么我们的工作关系就会融洽许多。尤其是当同事在生活或工作中遇到困难时，我们若能以亲人般的热情去帮助他们，他们必然会感到高兴。只有怀着深切的关心，抱着与人为善的态度，才能带来感情上的共鸣，使对方从心里感到安慰。所以，当有的同事喋喋不休地向你倾诉烦恼时，虽然枯燥无味，但你也应以充分理解的态度认真倾听，给予精神上的支持，学会分担别人的痛苦和烦忧。

每个人在工作中都会碰到各种事情，对那些与自己有密切工作关系的同事，我们尤其要学会理解他们。同事之间相处久了，相互之间都比较了解，如性格、爱好等。

在工作中，遇到不善合作的同事，首先要冷静，要善于理解、体谅别人。比如，有的同事生性敏感，有的性子急切，有时沉默少言，工作对接不顺利时发生言语冲撞也实属平常。他们并不是针对你，你首先冷静下来，事后自然会风平浪静。

相互理解不仅仅能够消除与同事的隔阂矛盾，更会使你赢得好人缘，增加对工作的喜爱程度，也有利于自身修养和工作能力的提高。

在工作中，要主动与上司沟通

主动与上司沟通，一方面会促进上司对你的了解，另一方面会让上司感到你对他的尊重，当机会来临时，上司首先想到的自然便是你了。

懂得主动与老板沟通的员工，总能借沟通的渠道，更快、更好地领会老板的意图，把自己的好主意、好建议潜移默化地变成老板的新思想，并把工作做得更加出色，所以深得老板的赏识。

在人才辈出的现代组织中，信守"沉默是金"者，虽有正确的工作态度和工作效果，这充其量也只能让你维持现状。一般说来，脱离上司，与上司接触少、缺少沟通的大致有以下几种人：一种是恃才自傲、孤芳自赏、不愿甚至是不屑与上司接触及沟通的人；一种是只知道埋头苦干、老实正直、害怕与上司接触会引来闲话的"老黄牛";一种是沉迷于具体的事务、缺乏与上司接触机会的人;一种是专业水平比较低、没什么机会担当重任的人。这些人往往都得不到上司的赏识。脱离上司,缺乏与上司沟通,不在上司的视线范围内,就有可能丧失担当重任的机会。丧失表现的机会,将会给自己的发展带来许多的不利。脱离上司可以说是一种对自己的前程和发展不负责的态度和行为。

要想得到上司的赏识,就需要平时多与上司接触。接触上司的渠道有许多,需要积极去创造。要想达到与上司心往一处想、劲往一处使的境界,作为下属就必须加强与上司的沟通,增进相互之间的了解。

尽职尽责是晋升的跳板

年轻人想要成功,必须敢为人先,发现问题之后就要主动解决问题。这靠的是什么? 就是你的责任感。责任感可以让一个职位低微、身无长物的小职员成为老板眼中的"重磅员工"。

例如,一个主管过磅称重的小职员,也许会因为怀疑计量工具的准确性而提出质疑,计量工具因此得到修正,从而为公司挽回巨大的损失,尽管计量工具的准确性属于总机械师的职责范围。正是因为有责任感,他才会得到别人的另眼相看,并获得一个脱颖而出的好机会。如果他没有这种责任意识,也就不会有这样的机会了。

舍与得

　　作为一个雇员，如果你能对工作有一种强烈的责任感，那么你肯定是一个容易成功的人。因为由于你的责任感和不断的努力，公司才得到了长足的发展，作为老板，最先奖赏的自然就是你。你对公司负责，公司当然也会对你的发展负责。你将会得到老板的赏识，这样你自然就能脱颖而出了。

舍掉井底之蛙的陋格，才能与成功相遇

学以致用，走好成功第一步

《荀子·儒效》记载：不闻不若闻之，闻之不若见之，见之不若知之，知之不若行之。学至于行之而止矣。行之，明也，明之为圣人。意思是不听不如听，听到不如看见，看见不如知道，知道不如实践它。学习到了亲自实践这一步才达到极高的境界。亲自去实践它，弄清了事理就成了圣人了。荀子告诉我们，知识只有接受实践的检验，才能成为真知灼见。学习知识的目的在于应用。如果学而不会用，那么再多的知识也无用。

宋代大诗人陆游有一句千古名言："纸上得来终觉浅，绝知此事要躬行。"说的就是学以致用的重要性。正所谓"学而不能行，谓之病。""不闻不若闻之，闻之不若见之，见之不若知之，知之不若行之。"只学不用，犹如纸上谈兵，纵然胸中有千军万马、锦囊妙计，若没有付诸实践，一切就毫无意义。

我们的工作中也经常会出现类似的情况：企业组织培训学习，员工接受了一大堆的思想和理念，说起来头头是道，却没有几个真正把这些思想贯彻到日常的工作中，结果公司浪费了钱财，员工浪费了精力，绩效却没得到改善。这样，无论是对公司还是对员工自身的成长都极为不利。优秀的员工，不会放弃任何有助于自己提升的学习机会，并且能将自己所学迅速应用到工作中，在实践中验证，在实践中成长，真正做到了学以致用，学用相长，业绩得到改善也自然是水到渠成的事了。

不舍急功之心，便离成功越来越远

子夏一度在莒父做地方长官，他来向孔子问政，孔子告诉他为政的原则，就是要有远大的眼光，百年大计，不要急功近利，不要想很快就能拿成果来表现，也不要为一些小利益花费太多心力，要顾全大局。对于我们每一个人来说，这点也尤其重要，要想工作有成效，就要分清轻重缓急，以及看清眼前小利与长远大利之间的关系。

万事万物的发展变化总是循序渐进的，所以做事不可操之过急，否则就会"欲速则不达"，适得其反。

急于求成，一日千里，只会"欲速则不达"，很多人知道这个道理，却总是背道而驰。很多历史上的名人在犯过此类错误之后才懂得成功的真谛。宋朝的朱夫子是个绝顶聪明之人，他十五六岁就开始研究禅学，然而到了中年之时，才感觉到速成不是良方，之后下了一番苦功，方有所成。他有一句十六字真言将"欲速则不达"做了一番精彩的诠释："宁详毋略，宁近毋远，宁下毋高，宁拙毋巧。"

　　急于求成的人往往性格浮躁，做一件事情总想马上做好。追求效率原本没错，然而，一旦过分追求速度便会丧失做事时的准确性，最终一无所成。因此，若想取得成功，首先应舍弃急功之心。

跨越自己给自己设的藩篱

　　有时候，限制我们走向成功的，不是别人拴在我们身上的锁链，而是我们自己为自己设置的局限。高度并非无法打破，只是我们无法超越自己思想的限制。没有人束缚我们，只是我们自己束缚了自己。

　　命运的门总是虚掩的，它会给我们留下一道开启的缝隙，可是我们情愿相信那是一堵不可跨越的墙。于是，我们独特的创意被自己抹杀，认为自己无法成功，告诉自己，难以成为配偶心目中理想的另一半，无法成为孩子心目中理想的父母、父母心目中理想的孩子，然后，向环境低头，甚至认命、怨天尤人。

　　这一切都是我们心中那条系住自我的铁链在作祟。或许，你必须耐心静候生命中来一场大火，逼得你非得选择挣断链条或甘心遭大火席卷。或许，你将幸运地选对前者，在逃出困境之后，语重心长地告诫后人，人必须经过苦难磨炼方能得以成长。

其实，面对人生，你还有一种不同的选择。你可以当机立断，运用内在的能力，挣开消极习惯的捆绑，改变现有的处境，投入另一个崭新的积极领域中，使自己的潜能得以发挥。你是愿意静待生命中的大火，甚至甘心遭它席卷，低头认命，还是愿意立即在心境上挣开环境的束缚，获得追求成功的自由？当然，这项慎重的选择，得由你自己决定！

不要因为失意而放弃追求成功的理想

她从小就"与众不同"，因为小儿麻痹症，不要说像其他孩子那样欢快地跳跃奔跑，就连平常走路都做不到。寸步难行的她非常悲观和忧郁。随着年龄的增长，她的忧郁和自卑感越来越重，她甚至拒绝所有人的靠近。但也有例外，邻居家的残疾老人是她的好伙伴。老人在一场战争中失去了一只胳膊，但他非常乐观，她也喜欢听老人讲故事。

有一天，她被老人用轮椅推着去附近的一所幼儿园，操场上孩子们动听的歌声吸引了他们。当一首歌唱完，老人说道："让我们为他们鼓掌吧！"她吃惊地看着老人，问道："我的胳膊动不了，你只有一只胳膊，怎么鼓掌啊？"老人对她笑了笑，解开衬衣扣子，露出胸膛，用手掌拍起了胸膛！那是一个初春的早晨，风中还有几分寒意，但她却突然感觉自己的身体里涌起一股暖流。老人对她笑了笑，说："只要努力，一个巴掌也可以拍响。你一定能站起来的！"

那天晚上，她让父亲写了一张纸条贴在墙上："一个巴掌也能拍响！"从那之后，她开始配合医生做运动。无论多么艰难和痛苦，她都咬牙坚持着。当有一点儿进步后，她又以更辛苦的运动，追求更大进步。甚至父母不在家时，她自己扔开支架，试着走路。蜕变的痛苦牵扯到筋骨，她坚持着，相信自己能够像其他孩子一样行走、奔跑。

11岁时，她终于扔掉支架，开始向另一个更高的目标努力着：锻炼打篮球和参加田径运动。1960年，罗马奥运会女子100米决赛，当她以11秒18第一个撞线后，掌声雷动，人们都站起来为她喝彩，齐声欢呼着她的名字："威尔玛·鲁道夫！威尔玛·鲁道夫！"

那一届奥运会上，威尔玛·鲁道夫成为当时世界上跑得最快的女人，她共摘取了三枚金牌，也是第一个黑人奥运女子百米冠军。

"人可以被消灭，但不能被打败！"在人生旅途中，通往理想的道路上总会遇到大大小小的困难和挫折，埋怨、消沉、哀叹命运都无济于事。面对挫折，要有宽阔的胸襟、无畏的勇气。要记住，挫折是通向梦想的阶梯。只要你有走出的愿望，就没有走不出的人生低谷。我们需要不断地自我激励，不能因为一时的挫折就把自己的一生永远地困在逆境的泥淖中。人的可贵之处在于，无论跌倒多少次，都能从失败的废墟上站起来，人生也因此而显得绚丽多彩。如果只为不幸的遭遇自怨自艾，那你就不会有任何前途。

在追逐梦想的道路上，必须学会舍弃一些眼前利益

亨利从小家里就很穷，但是家里却充满了爱和关心。所以，他是快乐而有朝气的。他知道，不管一个人有多穷，他仍然可以做自己的梦。

他的梦想就是运动。在他16岁的时候，他就能够压碎一只足球，能够以每小时90英里的速度扔出一个快球，并且撞在足球场上移动着的任何一件东西上。他的高中时教练是奥利·贾维斯，他不仅相信亨利，而且还教他怎样自己相信自己，他让亨利知道，拥有一个梦想和足够的自信，会使自己的生活有怎样的不同。贾维斯教练对他所做的一件特殊的事情，永远地改变了他的生活。

那是在亨利从低年级升入高年级的那个夏天，一个朋友推荐他去做一份暑期工。这是一个意味着他的口袋里会有钱的机会，有钱可以和女孩子约会，当然，有钱还可以买一辆新自行车和新衣服，还意味着为他的母亲买一座房子的储蓄的开始。

这份工作对他来说是极具诱惑力的，这使他高兴得跳了起来。接着，他意识到如果他去做这份工作，他就必须放弃暑假的运动，那意味着他必须得告诉贾维斯教练他不能去打球了。他害怕这一点，当他把这件事告诉贾维斯教练的时候，教练真的像他预料的一样生气了。

"你还有你一生的时间可以去工作，"教练说，"但是，你练球的日子是有限的，你根本浪费不起！"亨利低着头站在他面前，努力向他解释，为了那个替他的妈妈买一座房子和口袋里有钱的梦想，即使让教练对他失望，他认为也是值得的。

"孩子，你做这份工作能挣多少钱？"教练问道。

"每小时3.25美元。"

教练继续问道："你认为，一个梦想就值一小时3.25美元吗？"

这个问题，简单得不能再简单了，它赤裸裸地摆在亨利的面前，让他看到了立刻想得到的某些东西和树立一个目标之间的不同之处。

那年暑假，亨利全身心地投入到运动中去，同一年，他被匹兹堡海盗队挑选去做队员，并与其签订了一份价值2万美元的合同。后来，他在亚利桑那州的州立大学里获得了足球奖学金，那使他获得了接受大学高等教育的机会；在全美国的后卫球员中，他两次被公众认可，并且在美国国家足球联盟队队员的挑选赛中，他排在了第七名。

1984年，亨利与丹佛的野马队签署了170万美元的合同。他终于为他的母亲买了一座房子，实现了他的梦想。

有些人做事只图眼前利益，不会为长远打算。眼前可以得到的利益总给人一种实实在在的感觉，短视的心理常常使人们失去本应该能够得到的美好事物。也许人们认为自己的行为是更注重现实，而实际上是将自己未来的发展与成功的机遇白白浪费掉了。

暂时的是现实，长远的是理想。莫为眼前的一点儿小利而让理想为它让道，否则，你终有一天会尝到悔恨的苦果。

不舍得机会成本，也就没有机会成功

常言道："不入虎穴，焉得虎子。"想创造机会，却不想冒风险，那是不可能的。大凡成功人士，无不独具慧眼，他们在机遇中能看到风险，更能在风险中捉住机遇。

格蒂1893年出生于美国的加利福尼亚州，父亲是一位商人。格蒂小时候很调皮，但读书的成绩还算不错，后来进入英国的牛津大学读书。1914年毕业返回美国后，他最初的意愿是想进入美国外交界，但很快就改变了主意。

他为什么改变了主意呢？因为当时美国石油工业方兴未艾，一种兴致勃勃的创业精神鼓舞着年轻的格蒂到石油界去冒险。他想成为一个独立的石油经营者。于是，他向父亲提出，让他到外面去闯一闯。

但他父亲提出一个条件，投资后所得的利润，格蒂得30%，父亲得70%。作为父子，这个条件尽管苛刻，但格蒂爽快地答应了。他有他自己的打算。他向父亲借了一笔钱之后，便径自走出家门，独自来到俄克拉荷马州，第一次进行他的冒险事业。1916年春，格蒂领着一支钻探队，来到一个叫马斯科吉郡石壁村的附近，以500美元租借了一块地，决定在这里试钻油井。工作开始后，他夜以继日地奋战在工地上。经过一个多月的艰苦奋战，终于打出了第一口油井，每天产油720桶。格蒂从此进入了石油界。就在同年5月，他和他父亲合伙成立了"格蒂石油公司"。

1919年，格蒂以更富冒险的精神，转移到加利福尼亚州南部，进行他新的冒险计划。但最初的努力失败了，在这里打的第一口井竟是个"干洞"，未见一滴油。但他不甘失败，在一块还未被别人发现的小田地里取得了租权，决心继续再钻。然而这块小田地实在太小了，而且只有一条狭窄的通道可以进入此地，载运物资与设备的卡车根本无法开进去。他采纳了一个工人的建议，决定采用小型钻井设备。他和工人们一起，从很远的地方，把物资和设备一件件扛到这块狭窄的土地上，然后再用手把钻机重新组合起来。办公室就设在泥染灰封的汽车上，奋战了一个多月，终于在这里打出了油。

随后，他移至洛杉矶南郊，进行新的钻探工作。这是一次更大的冒险，因为购买土地、添置设备以及其他准备工作，已花去了大笔资金，如果在这里不成功，那么将意味着他已赚取到的财富将会付之东流。他亲自担任钻井监督，每天在钻井台上工作十几个小时。打入3000米，未见有油。打入4000米，仍未见有油。当打入4350米时，终于打出油来了。不久，他们又完成了第二口井的钻探工作。仅这两口油井，就为他赚取了40多万美元的纯利润。这是1925年的事情。

格蒂的冒险一次次地获得成功，促使他想去冒更大的险。1927年，他在克利佛同时开始钻探4个油井，又获得成功，收入又增加80万美元。这时，他建立了自己的储油库和炼油厂。1930年父亲去世时，他个人手头已积攒下数百万美元了。以后的岁月，机遇也常伴格蒂身边。他所买的油田，十之八九都会钻出油来。而且，他的事业也一直顺风满帆，他也成为世界著名的富豪。

当然，在冒险的同时，我们还要学会制订恰当的计划，让我们对风险挑战有所准备。风险是一把双刃剑，在决定冒险之前，我们一定要考虑机会成本的问题，以便更好地规避风险，走向成功。没有机会成本观念的人，往往会因小失大，导致失败。

做任何一件事都有成功和失败两种可能。当失败的可能性很大，却偏要去做，那自然就成了冒险。而商战的法则是冒险越大，赚钱越多。事实上，冒险与收获常常是结伴而行的，险中有夷，危中有利。要想有卓越的结果，就要敢冒风险。一个人纵然有强烈的致富欲望，但却不敢冒险，就永远做不到最大、最强。

成功不能只看眼前

　　一个人在成功的道路上要能走远，首先他要站得高、看得远。只有看得长远，他才能对自己以后要做的事情心里有底，才知道自己行进的方向，以及需要为此采取什么样的行动。

　　一个青年向一位富翁请教成功之道，富翁却拿出了三块大小不等的西瓜放在青年面前："如果每块西瓜代表一定程度的利益，你选择哪块？"

　　"当然是最大的那块！"青年毫不犹豫地回答。

　　富翁一笑："那好，请吧！"富翁把最大的那块西瓜递给青年，自己却吃起了最小的那块。很快富翁就吃完了，随后拿起了桌上的最后一块西瓜得意地在青年面前晃了晃，大口吃起来。青年马上就明白了富翁的意思：富翁吃的瓜虽没有青年的瓜大，却比青年吃得多。如果每块代表一定程度的利益，那么富翁占的利益自然比青年多。

　　吃完西瓜，富翁对青年说："要想成功，就要学会放弃，只有放弃眼前小利，才能获得长远的大利，这就是我的成功之道。"

鼠目寸光的人只能看到眼前的蝇头小利，而放弃了开拓与拼搏，使其能力的发挥受到了极大的限制。

成功真的不难，但它需要人们付出努力。长远的眼光是成大事者必备的素质之一，我们一定不能只看眼前不计将来。

好运气，等不来就去创造

人人都渴望得到好的机会，好机会不仅是通向成功的起点，更是每个人获得成功的契机。但是，好机会却往往"千载难逢，万劫难遇"。所谓机会，需要缘分，也需要争取。那么，机会在哪里呢？

机会在心里，在能力里，在理想里。

机遇既需要等待，也需要个人能力来支持，需要个人去树立理想，主动争取机会，取得成功。不要光顾着等待，也别忘了争取。

生命的消亡来自懒惰和等待，"守株待兔"的事情并不会每一天都发生。人生是在一个个机遇中度过，而人本身是在抛弃一个个机遇中度日。因此想要有一番成就，过一段精彩的生命历程，就必须要主动去为自己争取出路，抓住那些让自己施展拳脚的机会。

有句话说得好："机会老人先给你送上它的头发，当你没有抓住再后悔时，却只能摸到它的秃头了。"一个人有学富五车的学问，有统帅众人的才干，也要有合适的机会让他展现，否则他也不过是不被人重视的庸常之辈。在通往失败的路上，处处是错失了的机会。那些坐待幸运从前门进来的人，往往忽略了幸运也会从后窗进来。只有敢于冲锋、主动进攻的人，才能发觉并抓住胜利的时机，人生当中，并不总是存在掉到等待者头上的机遇之果。

一位探险家在森林中看见一位老农正坐在树桩上抽烟斗，于是他上前打招呼说："您好，您在这儿干什么呢？"

这位老农回答："有一次我正要砍树，但就在这时风雨大作，刮倒了许多参天大树，这省了我不少力气。"

"您真幸运！"

"您可说对了，还有一次，暴风雨中的闪电把我准备焚烧的干草给点着了。"

"真是奇迹！现在您准备做什么？"

"我正等待发生一场地震把土豆从地里翻出来。"

老农是个坐等机会者。虽然好运有时候会光顾他，但不可能永远都是，他坐在树墩下不过是在浪费时光。

机会不是完全靠别人给予，也不会有上天赐予，机会还是要靠自己创造。

人在等待之时，不能放松积累，还要时时窥测方位，审时度势，以利于自身发展。机遇这东西稍纵即逝，好运也不是常常都有，人们单单去发现它还远远不够，还要懂得利用它，同时为自己制造更多的机遇。我们应有这样的意识，机会并非均等，它出现的概率也不定，但强者往往能够依靠自己的能力稳稳地把握住生命的航向，为自己拓展出一条更好的出路。

及早认输，下次还有赢的机会

适时认输，才能保存实力。美国有一位拳王说过，任何拳手都不可能打败所有的对手，好的拳手知道在恰当的回合认输。因为及早认输，下次还有赢的机会，如果逞能，让对手把你打死了，或把你拖垮了，你不是连输的机会也没有了吗？

当我们明白自己不是对手时，就应该认输。生活中常有竞争和角逐，但深知自己"斗"不过对手，还一味地跟人家"斗"，这又有何益呢？"斗"得越起劲，只会输得越惨。选择认输，急流勇退，将使我们避开锋芒，以退为进，赢得潜心发展的主动权；将使我们得以冷静下来去认识差距，虚心向对手学习，从而有可能再打败对手。

著名的美国柯达公司在与日本富士公司竞争时，就颇有自知之明，勇于认输，不跟富士争第一。柯达公司甘拜富士下风，既减少了恶性竞争造成的大量人力、财力、物力浪费，又使其能够根据自己的实际情况制定适宜的发展策略，还使其老老实实向富士取经。结果柯达快速发展了，成了和富士不相伯仲的胶卷大王。

当我们知道自己不可能做到时，就应该认输。并不是所有的困难和挫折都可以逾越，并不是所有的机遇和好运我们都可以把握。在明知无力回天、败局已定时，我们应该认输。选择认输，不坚持下完一盘根本下不赢的臭棋，将使我们及早从"死胡同"里走出来，避免付出更惨重的代价。

认输是一种自我认识，一种积极的自我评价，在与别人竞争时，认同他人优势的同时，也看到了自己的不足。面对自己的缺陷与不足，只有学会认输，才能正视自己的缺陷与不足。有错误和不足并不可怕，只要学会认输、知道自省，就能避免铸成大错以致最终抱憾终身；只要学会认输，就能及时调整人生的航向，去争取"赢"的机遇和时间。

过去的功劳簿是埋葬今日的坟墓

子在川上曰："逝者如斯夫！不舍昼夜。"国学大师南怀瑾认为孔子所说的"逝者如斯"，是指人要效法水不断前进，也就是《大学》这部书中引用汤之《盘铭》说的"苟日新，日日新，又日新"的道理。人若满足于过去的成就，事业便会逐渐萎缩，思想、观念便会落伍。人生如逆水行舟，不进则退。只有不断地努力，才能常常进步。

同样的时间和生命，有人用来缅怀过去，有人用来享受现在，有人却用来书写明日的辉煌。

国际创价学会的会长池田大作说过："平庸的生活使人感到一生不幸，只有波澜万丈的人生才能让人感到生存的意义。"一个不论曾经取得多大成就的人，一旦停止了前行，他便步入了平庸。生命不息，奋斗不止。曾经的成就不是我们停留的借口，不断创造卓越，才是人生行进过程的基调。

归零就是一种在低位思考高位的理智心态

俗话说，人往高处走，水往低处流。人们通常会一味地往高处走，而忘乎所以，浮躁肤浅。这时，就需要一种逆向思维，有时，放低自己的位置反而能看到不一样的风景，也能为将来的奋起储蓄能量。

有这样一则故事：

一位女硕士到一家星级酒店去求职，酒店当时正在招聘服务员，招聘条件只需高中学历。这位女硕士就以高中学历前去应聘，她很容易就被聘用了。

在大堂服务员的岗位上，女硕士很快就脱颖而出。她不仅在处理突发事件时表现出良好的素质，还通过平时在工作中的观察和积累，对酒店的管理提出了一些很有见地的意见。管理层开始注意到她，并且有心提拔，不过觉得她的学历太低。这个时候，女硕士拿出了她的本科学历证书。于是，疑虑很快被打消，她被提拔为大堂经理。

担任了经理职务后，她继续努力工作，干得更加出色了。很快，她良好的个人素质和工作能力就引起了酒店高级管理层的关注。不久，酒店总经理助理的职位出现空缺，女硕士被列入了高层考虑的人选之中。此时，她亮出自己的研究生学历，轻易击败了其他竞争者，当上了总经理助理，从此跻身酒店高级管理者的行列。

女硕士的这种做法是一种归零。现在，很多人都把注意力放在高处，殊不知，眼光盯在高处，一是缺乏对自己实力的证明，不易得；二是即使勉强得到了，也不一定能够做出成绩来。这位女硕士正因为是从底层做起，对于酒店内部管理的各个环节都有了充分了解，在她担任更高职位以后才做得更加得心应手。

往低处流的水，看似没什么志气，最终却可以汇入海洋，动辄掀起滔天巨浪，颇有颠倒乾坤之势。某些往高处走的人，历尽千辛万苦，以为能看到美景，最终却不过是在岌岌可危之处。

人生不仅仅是一座珠穆朗玛峰，吸引着我们去攀登，有时还是汹涌的波涛，为了登上更高的山峰，我们先得有滑入浪底的勇气。

第十章

你给爱人珍惜的态度，爱人才会给你爱的温度

犹豫是爱情的天敌，面对爱要勇敢地追求

爱，拒绝犹豫、观望。唯有勇敢地付诸行动，才有希望撷取它的甘美。许多时候，含蓄的天性让我们总是不敢说爱，不好意思示爱，以致失去了爱。等到错过了机会失去了，一切都难再从头开始，难过、失落与伤怀，都很难被抚平。

一天，一个女子造访一位著名的哲学家。

她说："让我做你的妻子吧。错过我，你再也找不到比我更爱你的女人了！"哲学家很中意她，但仍回答说："让我考虑考虑！"事后，哲学家用他一贯研究学问的精神，将结婚和不结婚的好与坏分别列出，才发现，好坏均等，真不知该如何抉择。于是，他陷入长期苦恼中，无论他找出什么新的理由，都只是徒增选择的困难。最后，他得出一个结论：人若在面临选择而无法取舍时，应选择自己未经历过的那一个，不结婚的处境我是清楚的，但结婚会是个怎样的情况，我还不知道。对！我该答应那个女子的请求。

哲学家来到那个女子的家中，对她的父亲说："你的女儿呢？请你告诉她，我决定娶她为妻！"女子的父亲冷漠地回答："你晚来了十年，我女儿现在已经是三个孩子的妈妈了。"

哲学家听了几乎崩溃，抑郁成疾。

不是爱情没有光顾哲学家，只是在它到来的时候，哲学家在犹豫，没有抓住机会。但是机会一去不复返，它不会站在原地等待你。所以，当遇到自己真正爱的人时，一定要告诉他，他对你很重要。

莎士比亚说，犹豫和怯懦是爱情的大敌，当爱来临，请勇敢地射出爱神之箭。如果心中有了爱的萌动，那么就要勇于表达你的爱，否则就是白白浪费了机遇。默默地等待固然美好，但韶华易逝，时不我待，"莫待无花空折枝"。

择偶，不被美貌所迷惑

追求外表美的择偶观念在许多人的心中占有很重要的位置，以至于有的人片面注重对方的外貌而忽略了对方的道德品性、家庭责任感、智慧才能、工作能力，还有双方之间的性格特点、能否长久亲密相处等十分现实的问题，最后导致爱情只是昙花一现。

所有人都希望自己的伴侣更漂亮、更英俊些，这是人之常情，但如果一味地追求这些外表美，就难以得到真爱。靠对方漂亮的外表产生的爱情，是短暂的。随着岁月流逝，爱情也会随着外貌的衰老而消失。正如歌德所说："外貌美丽只能取悦一时，内心美方能经久不衰。"

爱美之心，人皆有之。世上美的事物无数，而罗丹说，我们都缺乏一双发现美的眼睛。面对显而易见的美，我们总能第一时间发现，而对于内在的、富于深刻内涵的美，我们却总是缺少发现的耐心，在外在美面前做了冲动的奴隶。在选择终身伴侣时，我们应当坚持以内在美来作为我们的最高准绳。因为择偶意味着家庭，而家庭是一种责任。如果仅仅从外在的条件来判断一个人是否能成为你的妻子或丈夫，而不去考察其内在品质，那么我们选择便是对家庭缺乏必要的责任感，到头来我们不但伤害了自己，同时也伤害了对方。

你无法挑到最优的结婚对象

25岁的小静决定把自己嫁出去，于是她发动亲戚朋友，让大家帮忙介绍对象。亲朋好友们倒也热情，给她介绍了很多可选的对象。

然而，问题来了，待相亲的人数太多，怎样在众多对象中尽快地找到合适的男友呢？小静当然希望自己挑选的对象是足够好的，甚至是最好的。但要从众多人里面选出最好的一个并非易事，她该怎样才能做到呢？

正如弗洛姆在《爱的艺术》一书中指出的一样："爱，不是一种本能，而是一种能力，可经有效的学习而获得。"那么，我们要如何培养爱的能力，来寻求到适合自己的爱人呢？也许你会觉得小静的苦恼很好解决，挑对象不就相当于挑篮子里的苹果吗？要从一篮苹果当中挑出一个最好的，逐个比较是最佳法则。

但约会和选苹果不一样，挑选苹果可以把两个拿起来比一比，苹果在同一个篮子里，而且在你的掌控之下，即是说这些苹果在同一时间、同一地点集合，等你检阅。但是，我们在挑选爱人的时候不可能把每个人都接触一遍，一个人在与你约会一次之后，你就必须做出决定是选择还是放弃，一旦你选择了一个，你就没有机会再约会别的人了；而一旦你决定淘汰这个人，他就永远出局了。你不可能和每个候选者约会后，再把他们贴上排名的标签，收藏起来，最后才从里面挑最好的一个。

生活就是这样的，大多数情况下机会是不等人的，等你左挑右选，把一切都规划好了，人家可能早就成了别人的如意郎君。

我们每个人都和小静一样，希望能够挑选到最优秀的结婚对象。但是许多事实告诉我们，爱情里没有"最"这个字眼。

著名的思想家、哲学家柏拉图问老师苏格拉底什么是爱情，老师就让他先到麦田里去摘一个全麦田里最大最金黄的麦穗来，只能摘一次，并且只可向前走，不能回头。

柏拉图于是按照老师说的去做了，结果他两手空空地走出了麦田。老师问他为什么没摘，他说："因为只能摘一次，又不能走回头路，其间即使见到最大、最金黄的，因为不知前面是否有更好的，所以没有摘；走到前面时，又发觉总不及之前见到的好，原来最大、最金黄的麦穗早已错过了。于是，我什么也没摘。"

老师说："这就是爱情。"

之后又有一天，柏拉图问他的老师什么是婚姻，他的老师就叫他先到树林里砍下一棵全树林最大、最茂盛、最适合放在家中庭院里的树。其间同样只能砍一次，以及同样只可以向前走，不能回头。

柏拉图于是照着老师说的话做。这次，他带了一棵普普通通、不是很茂盛、亦不算太差的树回来了。老师问他："怎么带这棵普普通通的树回来呢？"他说："有了上一次的经验，当我走了大半路程还两手空空时，看到这棵树也不太差，便砍了，免得最后又什么也带不回来。"老师说："这就是婚姻！"

我们不得不承认，完美的爱情和婚姻是很难得到的，而我们在挑选另一半的时候能够尽量做到的是尽量通过家人、朋友了解关于异性的信息，在信息尽可能完全的状况下选择适合自己的对象——而一旦选择，那么，就要像砍树的柏拉图一样，带着你自已挑选的那棵树坚定地走出来。

不要在家里和办公室里想同样的问题

很多妇女要求离婚的一个主要原因是她们丈夫因为工作而忽视了她们，忽视了家庭生活，这让她们感到痛苦。丈夫们的心思全都在工作上，回到家脾气暴躁，对家人冷漠无情。有这样的丈夫，即使妻子是天使，也无法创造幸福的家庭生活。其实，工作压力大的人们往往下意识地犯了一个错误：在公共场所兴致勃勃，富有魅力，一踏进家门就变得脾气古怪，面目可憎，令人难以忍受。他们误以为自己有权利把家人当作出气筒。在工作中，有人伤害了他们，他们却迁怒于自己的家人，以此来消气，在家里冷若冰霜，难见笑容，回到家就吹毛求疵，这是完全不珍惜家人、不会生活的表现。

有这样一个男人，他一回到家就对无怨无悔地爱着他的妻子咆哮，却不知道妻子在家的辛苦。妻子整日待在家照顾孩子，甘愿承担着家务劳动的辛苦和烦恼，还兴冲冲地等待他回家。为了丈夫和孩子，她每天把自己的家装点成一个洁净、温馨的地方。然而丈夫回来了，却因为工作中的不如意、工作中的不满和疲惫，甩给妻子一张充满怨气的脸。他抱怨着走进门，孩子们都吓得躲到一边。后来，他竟然还感到很奇怪：为什么他的孩子不再像以前那样开心地扑到他的怀里？为什么他的家庭不再像以前那样温暖？为什么他的妻子不多为他着想？

这样的丈夫抱怨自己的家庭生活不够和谐。他们认为，如果能得到家庭的鼓励和支持、得到他渴望的和谐生活，那么他的事业就会更成功。

在一个家庭中，不管是丈夫还是妻子，不管你的工作是否如你所愿，都不要把工作的烦恼带回家。这样只会浪费你的时间和精力，让你的家人陷于担忧和愤怒之中，而且也不会对你解决工作中的问题有任何帮助。

如果你养成了把所有困扰你、让你烦恼的工作和忧虑留在办公室的习惯，把所有这些问题在办公室里解决好，那么，你会发现你的家庭生活是多么的幸福。对你来说，家会成为最幸福、最温馨、最甜蜜的地方。你会发现，这是你最正确、最划算的投资，这项投资甚至要胜过你在工作中的任何投资。

如果你和孩子们四处嬉戏，或者与家人一起玩乐，过一个快乐的晚上，不去理会明天会发生什么，那么，第二天，你会发现自己更加充满活力。你将变得更坚强、更灵活，手头的工作也似乎变得更容易。你应该把家看作一个可以让你彻底从工作的劳累、紧张和痛苦中获得解脱的地方；看作一个你永远渴望、一个你从不曾想离开的地方；看作一个可以远离生活压力的地方；看作一个可以逃离混乱、回归宁静与和谐的地方，而不是你制造混乱和不幸的地方。

甜言蜜语，正确选用可有效传情达意

夫妻间的甜言蜜语，实际上就是充满感情的言语交流。许多关系冷漠的夫妻，他们的共同之处就是相互间语言太苍白，太没人情味了，以致情感冷却，甚至走到家庭破裂的边缘。所以，情感语言的交流对于夫妻双方来说比恋爱时的谈情说爱更为重要。

"你这身打扮，真帅，让我好好看一看。"

"我怎么觉得跟你说一辈子的话也说不够呢。"

"你这两天太辛苦，咱们出去吃一顿吧。"

"拥有你是我最大的福气。"

"你脸色不大好，身体哪儿不舒服吗？"

"你不要对我这么凶，好吗？我很伤心。"

"这个家没有你，简直就难以想象。"

……

总之，要把心中的爱通过语言表达出来，让对方时刻体会到你的爱，并时时创造一种美妙的生活环境，那样你们的感情会一天比一天深厚，相互间的爱也会一天比一天深。

不要以为甜言蜜语只能从男人的口中说出来，女人也应该不失时机地对男人说一些让他高兴的话，因为无论男人还是女人都需要心灵的滋养，只不过女人的方式与男人有所区别。

妻子常对丈夫说："晚上，你不在家里我害怕。"这的确是一句很管用的话。它满足了男子汉作为家庭保护神的自尊，也表达了女人对男人的依恋之情，还委婉地暗示了妻子深爱着丈夫、生怕被别的女人抢走的心理。如何赢得男人的爱，怎样才能让男人高兴，也是一门艺术。

你平常所使用的言语，可以说是把你的心思及想法用语言把它们表现出来。因此，你对于自己每天所使用的言语，必须考虑再三。

请你估计一番，下面列举的言语之中，你到底对你所爱的人使用了多少？

"我只爱你。"

"只要你在我身边，我就会感觉无比幸福。"

"对于我来说，你就是一切，什么东西也换不了。"

"你是一个非常了不起的人。"

"我深知你的内心，我无时无刻不在关心你。"

"只要和你生活在一起，我就感到心满意足了。"

只要是你想对他说的由衷的亲切、喜爱之情的话语，都可以添一些"甜味剂"把它表达出来。与他久别重逢时你可以讲："好像在做梦，多么希望永远不要清醒。"你以充满爱意的眼神望着他："总是惦念着你！别的事我一概不想……我感觉，好像一直跟你在一起。"这是"无法忘怀、时时忆起"的心境，只要谈过恋爱的男女，一定有此体验。除了他以外，任何事都不放在眼中，总是想念着他。上面那些话不用怕羞，可以反复使用。相爱之初，热烈的甜言蜜语绝对不会使人感到厌烦，他也许还认为不够呢！

"你喜欢我吗？"你不妨大胆地问他。

"说说看，喜欢到什么程度？"或用这样的语气追问。

"你发誓，你会永远爱我！"甚至你单刀直入地这样对他撒娇说。

有很多女性使用如此甜蜜的词句接二连三地向男性表示"永远不变的纯真爱情"，自己便会沉浸在自我陶醉之中，而男性的反应也会是积极的。

在社会活动中，男性总喜欢被人发现自己存在的价值，恰当地运用甜言蜜语，使他感受到自己的价值，可以使两人之间的爱情温度逐渐升高。

如果你希望爱情之树常青，就不要吝惜你的甜言蜜语，它会使你的爱情之路更为平坦、顺畅。

以柔克刚，该示弱时就示弱

网上曾流行这样一段话："女人读书不宜多，大专生是小龙女，本科生是黄蓉，研究生是赵敏，博士生是李莫愁，博士后是灭绝师太。"更有女人曾这样感叹：现实生活中，女人的能力总是和她的幸福成反比。

在有些男人心目中，自己是刚强如铁的形象，女人是小鸟依人的柔弱姿态，他们天生的使命即呵护小女人。相爱中的人们喜欢被对方需要，觉得那是一件很幸福的事情，他们总是乐于为心爱的人做任何的事情。所以聪明的女人你要知道在适当的时候向男人示弱，自己明明可以做得到的事情，也要装着不会做。比如对男朋友说："电脑装个系统好麻烦哦，你来帮我装好不好？"

在迟子建的小说《逝川》中，吉喜就是一个好强的女人，正是因为她的能力太强，让男人望而却步，以至于她孤老一生。

年轻时的胡会能骑善射，围剿龟鱼最有经验。别看他个头不高，相貌平平，却是阿甲姑娘心中的偶像。那时的吉喜不但能捕鱼、能吃生鱼，还会刺绣、裁剪、酿酒。胡会那时常常到吉喜这儿来讨烟吃，吉喜的木屋也是胡会帮忙张罗盖起来的。那时的吉喜有个天真的想法，认定百里挑一的她会成为胡会的妻子，然而胡会却娶了毫无姿色和持家能力的彩珠。胡会结婚那天吉喜正在逝川旁剖生鱼，她看见迎亲的队伍过来了，看见了胡会胸前戴着的愚蠢的红花，吉喜便将木盆中满漾着鱼鳞的腥水兜头朝他浇去，并且发出快意的笑声。胡会歉意地冲吉喜笑笑，满身腥气地去接新娘。吉喜站在逝川旁拈起一条花纹点点的狗鱼，大口大口地咀嚼着，眼泪簌簌地落了下来。

胡会曾在某一年捕泪鱼的时候告诉吉喜他没有娶她的原因。胡会说："你太能了，你什么都会，你能挑起门户过日子，男人在你的屋檐下会慢慢丧失生活能力的，你能过了头。"

吉喜恨恨地说："我有能力难道也是罪过吗？"

吉喜想，一个渔妇如果不会捕鱼、制干菜、晒鱼干、酿酒、织网，而只是会生孩子，那又有什么可爱呢？吉喜的这种想法酿造了她一生的悲剧。在阿甲，男人们都欣赏她，都喜欢她酿的酒、她烹的茶、她制的烟叶，喜欢看她吃生鱼时生机勃勃的表情，喜欢她那一口与众不同的白牙，但没有一个男人娶她。逝川日日夜夜地流，吉喜一天天地苍老，两岸的树林却愈发蓊郁了。

别把对方的爱视为理所当然，爱需要相互付出

他从乡间给她带来一袋玉米，她煮了一个吃，饱满糯甜。他看到她那副沉醉的样子，笑了。

她对他最初的感动，是缘于他耐心的等待。因为要带学生上晚自习，夜黑，她和他约好了在一个路灯口下见，然后一起走。

于是，很多个晚上，当她匆匆地赶在路上时，隔不远便可看见一个清瘦的男孩子静静地立在灯下——差不多每次都是他等她。

有一个晚上，不知为什么，她迟到了将近两个小时，最后急急地赶到那里时，原以为他一定走了，不料他仍如往日一样在那里静静张望。

这一刹那，便成为她日后柔情涌动的回忆。

他一直很宠她。他的至诚让她相信，他们的爱可以恒久。

这一阵子，学区要举行教学比武大赛，她作为学校的代表之一开始忙碌起来。

于是和他的见面少了，电话少了。他心疼她，老跟她说不要太累了。她心里甜蜜，却又急急地要结束对话，说好了，好了，要做事去了。

其实也不是真的忙得没有一点儿空隙。在空闲的时间里，她也想着要见他，要跟他说话。但她转而又想：爱情握在手心，是这样的平实与温暖，飞不走的。

忙完之后，再去找他，却渐渐地发现了他的冷淡。

她开始不安地感觉到有一种美好正悄悄消逝。她的不安一天天地扩大，直到那天，他平静地说：分手吧。她拽住他的衣角追问自己做错了什么，她可以改……他说没有谁错，然后轻轻挣脱。

她不明白曾经是那样令她放心的爱情，怎会说走就走呢？

一个人愣着睡不着。半夜经过厨房，蓦地想起冰箱里的玉米，他给她带来的。

她煮了一个吃。玉米已是干瘪无味，全无先前的饱满糯甜，像是在无声地谴责她的遗忘。

她忽然潸然泪下。她所忽视的恰是她珍爱的，她的爱情不正如这玉米一样被她搁置得太久了？

第十章　你给爱人珍惜的态度，爱人才会给你爱的温度

关于爱情有一个老得掉渣的命题：你要找一个爱你的人，还是要找一个你爱的人？都说人在爱情里总是会变得自私，因为被关注、被宠爱的感觉是那么美妙。当对方的付出变成了一种习惯，我们的索求也就成为一种理所当然的态度。爱情从一开始便是两个人的事情，从来没有一个人能够演绎长久的爱情，因此，爱情中的双方应当在付出与索取间寻找平衡。只有付出没有索取的爱情，或是只有索取没有付出的爱情，到头来只会令人心力交瘁。

爱情是不按逻辑发展的，所以必须时时注意它的变化。爱是会枯萎的，所以必须不断地浇灌。爱情是情感开出的最美的花朵。花无千日红，再美的花朵失了灌溉到头来也会枯萎，所以总是有人说，对爱情要善于经营。这"经营"二字浓缩了多少奥妙，它意味着对彼此的付出；意味着时时关注，处处留心；意味着从每一日的平常小事中感受对方的真诚与用心；意味着在适当的时候给对方以回报。相信用付出与感恩的甘露浇灌，你的爱情之花会开得持久而绚烂。